甜品 OPEN 冰店
創業經營學

漂亮家居編輯部——著

Contents　目錄

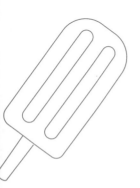

196 Chapter3. 甜品冰店的經營策略

創業開店是不少人的夢想，Chapter 03「甜品冰店的經營策略」將開店過程中重要的項目，加以條列、歸納做說明，作為創業新手開店的一個參考依據。

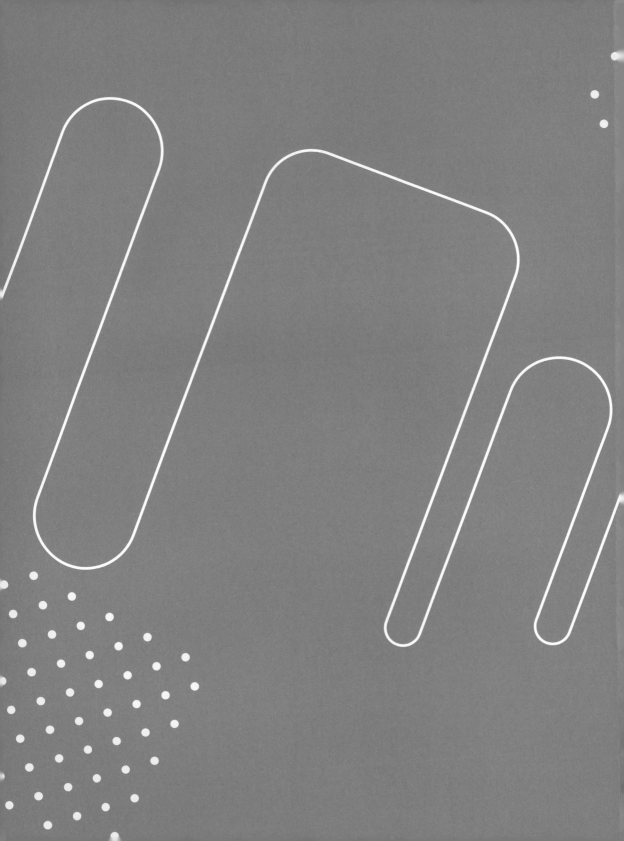

Chapter

01

台灣冰店
發展與變化

將從甜品冰店的發展與趨勢做深入剖析，分別邀請到學者、餐飲顧問、食物設計師、品牌經營者，分析現在幾個流行的冰品種類開店流派，同時從甜品、冰品，以及近期流行的帕菲杯在設計上應如何兼具美味與視覺為探討。

Part 1-1 **潮流趨勢**

浮誇造型、頂部裝飾結合空間氛圍

淡江大學未來學研究所兼任助理教授

——李長潔

日式刨冰成為風潮與生活儀式感

People Data

現職／偽學術臉書專頁創辦人、世新大學創新傳播與數據智慧實驗室執行長、世新大學口語傳播暨社群媒體學系兼任助理教授、台灣通傳智庫知識管理顧問

專長／社會學觀察、文化研究、電影分析、哲學批判

文__許嘉芬 人物攝影__Amily
資料暨圖片提供__李長潔

台灣冰品小店近期又以日式刨冰、帕菲杯（Parfait）為主流，整體視覺設計的浮誇、具設計感，搭上大眾喜愛透過社群平台表現生活風格與喜愛的態度下愈發延燒，淡江大學未來學研究所兼任助理教授李長潔認為，台式冰品依舊有一群死忠擁護者，但台灣的日式刨冰如何突破口味與設計，連結在地文化脈絡，也將是創業者需思考的問題。

台灣刨冰文化的發展可從日治時期說起，隨著日本傳入製冰技術與製糖方式，最初是香蕉清冰，接著將熱甜湯飲食中的湯圓、紅豆等食材元素置入刨冰中，形成一碗刨冰可加 3～5 種配料的台式刨冰型態，一直到 3、4 年前慢慢出現視覺感十足的日系冰店。

對於這股台日刨冰之戰，擅長搜集與研究各式刨冰及其文化脈絡、也熱愛吃冰的李長潔認為，這與台灣近年來休閒生活消費相關，2001 年社群媒體興起，大眾愈來愈強調透過生活風格傳達屬於自己的生活品味，也很強烈的感受美感這件事，加上 2015 年左右 Instagram 社群網站深受年輕世代歡迎，使用者反而超越 Facebook 平台，大家開始喜歡拍照上傳各式美食，造型浮誇、具有設計感的日式刨冰因而竄紅。

完整符號系統操作，
吃冰成為一種儀式感

相較於台式刨冰強調配料的豐富性，選擇種類較為固定，日式刨冰從冰品本身的呈現、口味到空間氛圍皆具有一整套完整符號系統，尤其日式刨冰的設計概念如同甜點般，包含訴求刨冰頂部的裝飾、限定或是從甜點衍生的口味，導致吹起這股日式刨冰風潮。「品嚐冰品不再只有好吃，已經轉變成如同喝咖啡、吃蛋糕一般的儀式性，再加上台灣人尤其熱愛到日本旅遊，日式刨冰所強調的日式元素自然吸引消費大眾。」李長潔分析說道。也由於符號挪用容易、技術性相對烘焙甜點簡單，在於口味、造型設計上也可以藉由店主本身的想像與創意去詮釋，讓想要開店創業的人願意投入日式刨冰領域。

與在地脈絡連結，
找出屬於品牌的日式刨冰特色

除了日式刨冰，提及近期於 Instagram 社群網站同樣熱門的帕菲杯，李長潔認為，早期大家比較有印象的是美式餐廳會出現的聖代，日本過去也

僅是咖啡店中的一道小甜點角色，爾後發展成獨立販售帕菲杯的店家型態。因為沒有制式的組構設計，帕菲杯幾乎是屬於一個空白的符號世界，比起刨冰更能強烈置入設計感與異國風味，每個店家品牌可發揮的形式更為多元，同時回應到「適合拍照」打卡的社群文化，因此也在這波冰品風潮中迅速崛起。

面對台日刨冰的發展，李長潔表示，台式刨冰擁護者看重的是配料與價錢相乘的 CP 值，日式刨冰已是食冰文化中的分眾市場，如何在這群分眾下做出自己的定位是品牌店家需要思考的環節。另外，台灣的日式刨冰在口味設計上相對保守，反觀日本當地刨冰每年一

日本京都知名老冰鋪「page one」的草莓刨冰，最大特色就是直接以冰塊作為盛裝器皿，兼具了視覺與味覺的雙重美味。

日本埼玉秩父「阿左美冷藏」的天然冰，是直接使用深山湧泉在冬季低溫狀態下結凍成冰塊所製作而成，糖水醬料單獨盛裝，還會附上一顆梅子作為清口。

日本大阪「日航飯店」メロンドットメロン（哈蜜瓜裡的哈蜜瓜），從甜點概念設計刨冰，加上精緻的銀湯匙與水藍色的玻璃器皿搭配，李長潔形容這已是另一種層次的食冰，既奢華又極致。

日本大阪浪芳庵的宇治金時刨冰，以銀製托盤搭配兩個層次的瓷盤盛裝冰品，紅豆堆疊於一側，而非簡單環繞於冰品底部，再配上槌目手感湯匙，滿足了視覺、觸覺到味覺的食冰享受。

直推陳出新有許多瘋狂、有趣的想法，例如將羊羹、泡芙加入頂部裝飾，也不再僅是胖胖圓圓的造型，各式形體的發揮運用，甚至整體視覺設計上也非常極致，例如京都老字號冰店「page one」，為了展現其強大的製冰技術與資源，直接以冰塊本體盛裝刨冰，或是亦有店家利用二手古物作為刨冰餐具，誘人之處在於華麗擺盤，以及不重複的餐具運用。在以日式刨冰為基礎的發展下，台灣的日式刨冰日後如何突破、與在地脈絡產生連結，或許可參考 2020 年淡水夏季時曾舉辦的南瓜節，老街上的餐飲業者需設計出各種南瓜口味，淡水刨冰店家「朝日夫婦」便推出焦糖南瓜品項，以兩種南瓜熬煮的醬料，淋上焦糖與烘烤過的南瓜子，如此節慶式的串聯，或是效法奈良為了發展當地特色，連結店家推廣刨冰、甚至推出刨冰手冊，這些或許都是日後店主們經營上可以多加著墨的地方，李長潔說道。

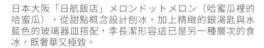
營運心法

1 從分眾市場中尋找品牌定位，做出自我特色。
2 口味、整體視覺設計的推陳出新，增加冰品的創新。
3 與在地脈絡連結、節慶式活動串聯，拓展冰品行銷。

Part 1-2　開店流派

訴求食材、視覺造型、氛圍與創新口味

小眾冰品市場走出新意、打開能見度

近幾年來台灣冰店漸漸也開始往特色小店的設計與經營模式，名為冰果室卻以純白木質基調呈現，各式冰品造型、擺盤也愈來愈講究，甚至於以往不曾想過的梨子、鐵觀音、鹹蛋黃，都能融入冰品口味中，打開大眾對冰品的認知與接受度。

圖片提供__林居工作室 Ada

文、整理__漂亮家居編輯部　攝影__江建勳、邱于恆
圖片提供__ Deux Doux crèmerie, pâtisserie & café、晴子冰室、林居工作室 Ada

台灣冰品的發展大致上可以分成幾個時期,從日治時代學到製冰技術,在物資匱乏的情況下,創造出「香蕉清冰」,簡單清冰加上糖水與食用性香蕉水製成,後期也會慢慢在清冰裡添加如紅豆、大豆等配料。到了約莫 40 ～ 80 年代,台灣獨有的「冰果室」庶民文化蓬勃展開,北部有台一牛乳大王、永和 1948 年開業的和美冰菓室、台中龍川冰果室、1960 年創立的雲林北港大涼冰果室,台南則包括大眾耳熟能詳的莉莉水果室、江水號、泰成水果店、鹽水銀峰水果室等等,這些都是目前仍傳承經營的古早味冰店。

早期冰果室除了基本的台式經典八寶冰、蜜豆冰、水果冰,強調堆滿各是各樣豐富配料為主的刨冰,最後再淋上特製糖水或是煉乳,在於每個區域也有著不同冰品特色,像是台中有由酸梅冰、大紅豆與冰淇淋所組成的豐仁冰、彎豆冰,基隆是泡泡冰,屏東潮州甚至還有冷熱冰。隨著 Häagen-Dazs 於 1993 年引進台灣,大眾重新建立對冰品的品牌與價位認知,再加上便利超商日趨普遍,冰品的種類愈來愈廣泛,隨手取得的超商冰棒、日韓進口冰,近幾年連超商都加入「霜淇淋」品項,傳統冰果室碩果僅存,吃冰文化、習慣逐漸改變中。

回推至 90 年代左右,泰成水果店推出以哈密瓜水果為基底搭配水果冰沙與果球的瓜瓜冰,爾後一到炎夏之際,眾家冰店開始主打堆滿水果澎湃的季節限定冰品,如芒果冰、草莓冰,近十年來則陸續受義式冰品、日式刨冰等進口冰品的影響,慢慢加入如義式冰淇淋、霜淇淋,以及日式刨冰等專門店,冰店的裝潢風格也跳脫古早味,呈現如木質基調、台式懷舊感、簡約時尚等各式風貌。在這股眾多創新冰店之中,大致上可劃分出以下幾種鮮明的獨特經營關鍵。

趨勢 1. 訴求手作與食材

這幾年的餐飲趨勢回歸至食材本身,在於冰品市場亦是如此,耗費的食材處理程序、過程,早已無法對應至古早俗語「第一賣冰、第二做醫生」,在

這個世代下的冰品創業者著重維持食材的天然原味、本質。例如傳統仙草採不添加鹼的作法，讓仙草滑嫩回甘；手打杏仁豆腐、自製不加任何香精的杏仁茶；未添加一滴水的純義式冰淇淋等等，既做出市場區隔性，也希望讓大眾吃得更安心。

趨勢 2. 造型擺盤也要夠吸睛

以前的台式刨冰主要強調配料豐富的堆疊感，新世代多了各種不同的冰品，也由於社群媒體平台的興起，義式冰淇淋在於杯裝設計、台日式刨冰的器皿擺設逐漸進階升級，日式刨冰因為淋醬的顏色、

攝影＿江建勳

圖片提供＿ Deux Doux crèmerie, pâtisserie & café

攝影＿邱于庭

如山丘般的形體，顛覆過往大眾對刨冰的印象，冰淇淋的呈現也轉化為顏色豐富的帕菲杯或是如甜點般的提拉米蘇、紅酒燉洋梨。

趨勢 3. 吃冰也講氛圍跟跨界合作

傳統冰果室吃冰之外，更存在一份濃濃的人情味，轉而至今，冰品店鋪設計包容各種異國氛圍，有著選擇於老屋經營加入復古傢具的懷舊感，或是因著品牌、主理人性格改造的自然綠意風格，甚至也會與其他餐飲品牌合作，推出期間限定冰品，或是只有市集才有的冰品口味，讓冰品樣貌更加多元。

趨勢 4. 創新組合搭配吃出新鮮感

傳統冰品不外乎八寶冰、可加 4 種配料的黑糖刨冰，新一代刨冰在於口味上的創新突破完全令人驚艷，譬如在簡單清爽的愛玉冰中加入可樂汽水，古早糕點內的鹹蛋黃製作為醬融入冰品中與芋泥相互搭配，另外像是霜淇淋，也不再只是香草、巧克力的選擇，玫瑰荔枝、番紅花鐵觀音、梨子提拉米蘇等，許多都是過去意想不到的食材，如今卻能變成冰品，好吃也有新鮮感，讓小眾冰品市場增加大眾嚐鮮意願，某些季節限定口味，也提高這幾年大家在冬天吃冰的頻率。

圖片提供_晴子冰室

圖片提供_晴子冰室

Part 1-3

品牌 經營術

餐飲顧問

從大眾熟悉口味 創造差異化

開吧 Let's Open- 餐飲創業加速器共同創辦人

─── 魏昭寧 James

單一食材主軸延伸做出冰品的專業度

People Data

現職／**Let's Open** 開吧餐廳創業加速器共同創辦人、「吃義燉飯」合夥人、鹹酥李合夥人、超級食場合夥人

專長／餐飲開業輔導，提供想開店創業的人一站式服務。從產品規劃、財務分析、店面找尋、設備採買、室內裝修到開店經營

文＿許嘉芬 攝影＿ **Amily**、江建勳
資料暨圖片提供＿魏昭寧

相較一般餐飲業種，冰品僅是甜點中的一小部分，經營上又面臨外帶品質差異與淡旺季的營運難度，開吧 Let's Open- 餐飲創業加速器共同創辦人魏昭寧（James）建議，冰品發展可從既有口味當中去尋求突破與創新，菜單設計上也無須太多，可專注單一主軸品項做出延伸，消費大眾對品牌的認知與信任度也會愈有黏著度。

根據財政部統計資料庫資料顯示，飲料店展店快速，2019 年的全國家數已增加到將近 2 萬家店，其中冰果店、冷飲店占 8 成，六都皆呈現成長趨勢， James 分析，外食人口比例愈來愈高，加上外送平台崛起，使整個餐飲市場持續擴大，每隔一段時間都有不同的食物潮流，在文青咖啡、個性小店過後，台式小吃、冰品正是近期的趨勢，台灣位處熱帶氣候、夏季時間逐漸拉長，慢慢有創業者投入冰品市場，冰店型態、空間氛圍升級，但值得觀察的是，冰品畢竟不是三餐所需，加上變化度有限、外帶若要維持水準也比起手搖飲來得困難，想打造出具有個性、特色的冰店，必須在開店之前做好策略分析、決定品牌定位。

從既有口味
尋求突破與創新

以冰品類型來說，品牌定位的第一步是口味的獨特差異化，James 繼續補充，差異化並非指做出怪異的冰品，若是過於跳脫消費大眾認知的口味，一開始或許能引起噱頭，但對於長久經營仍是 一大考驗。所謂的差異化，James 建議可從大眾熟知的食材去做創新，譬如：主打台灣最小的芋圓、最 Q 彈的芋圓等等，因為大眾對冰品認知成熟，好比端上來四碗紅豆牛奶冰，心中早已有既定的口味認知，不論從味覺、視覺其實難以分辨來自哪個品牌。口味差別之外，再來是視覺呈現，例如芋頭冰搭配幾個炸過的芋頭，炸得尖尖的拼在一起，外觀跟別人與眾不同，就會容易被記住。

冰品口味選擇在精不再多，
單一主軸做出專業度

再者是，冰店菜單品項無需追求數量多，最多建議在 5 種以內，品項愈少愈能給人專精、專業的感覺，品項愈複雜、相對備料時間愈久，人事成本自然會提高。James 以販售豆花甜品的「白水豆花」為舉例，豆花品項僅有花生桃膠、花生粉圓兩種口味，轉換到冰品也是一樣的道理，假設選

擇主打芋頭食材,那就專注於開發與芋頭契合的冰品搭配,譬如西米露、紅豆,反倒會吸引芋頭控關注,以後想吃芋頭冰就會直接聯想到。那麼對於淡季冰品的銷售又該怎麼辦?James 接著補充,冰店規模適合先從小做起,畢竟冰品屬於甜點中的一小部分,營業額絕對低於滷肉飯,既然如此,不妨先創立一間 5 ～ 10 坪左右的小店,搭配鐘點計時夥伴,另外去計算冬天淡季保守的營業額大約會落在哪個區間、需要聘請幾個員工上班,以及冰品品項是否能直接轉換為熱甜湯販售,甜湯或熱食最好可與冰品主軸相互呼應,才有相互加乘的效果,消費大眾對於品牌的連結性與記憶點會更高。

攝影＿Amily

「朝日夫婦」選擇於淡水河畔開設冰店,希望能傳遞如沖繩小島般的時空氛圍,品牌定位明確,加上隨季節推出限定口味,讓許多來淡水旅遊觀光的人都一定得吃上一碗。

攝影＿江建勳

「覓糖『黑糖粉粿』」清楚建立為黑糖與粉粿專家,在設定領域中將口味做到極致,甚至添加抹茶、桂花、玫瑰、薰衣草等,跳脫傳統粉粿顏色,創新口味賦予新變化,這就是 James 所說的從熟知食材做突破。

品牌定位、單價、
商圈型態息息相關

　　回到開店最實際得面臨的營運成本問題，James 認為應先設定好人事成本、房租成本，唯有這兩項成本是可以被控制的，原物料抓 20 ～ 25％左右，大致上就能推算出每天需要做多少營業額，再由營業額計算每碗冰品單價應落在哪個區間。然而每碗冰品單價也必須對應至商圈消費群眾，比方選擇開設於科技園區，冰品品牌設定上就應該走稍微精緻一點的路線、包含包裝視覺設計，因此單價相對可以拉高些，倘若是一般住宅或是上班族商圈，大眾對於冰品價位的接受度相對偏低，品牌定位上或許應往親民、友善的方向。

　　最後，James 也提醒，新創立的冰品小店當作出個性與風格差異性之後，人力或冰品商品的複製不見得能夠成功，舉例若是一家訴求手工杏仁豆腐冰的品牌，最後品牌導向複製、中央工廠生產，那麼，反而可能損失原本被手工杏仁豆腐吸引的客群。另一個需要思考的面向是，冰品品牌定位與城市需求性的問題，對於古都台南本身既有許多傳統冰果室之下，冰品口味是要維持傳統做創新、抑或是僅止於空間氛圍的提升更新，創業者也必須先對地域性食冰喜好有所掌握，才能投其所好。

營運心法

1 以大眾熟悉的食材做出創新，突破口感與視覺。
2 專注單一食材主軸延伸發展冰品甜品，具整體性也凸顯專業度。
3 從品牌定位、店鋪商圈型態推算成本結構。

Part 1-3

品牌經營術
刨冰機品牌

設備、冰磚、口味三位一體，讓刨冰更道地

瑞鑫行負責人

——張宗本

將日本製作刨冰的精神傳遞給其他經營冰店的夥伴

People Data

現職／瑞鑫行負責人
專長／當代茶菓潮趨勢觀察

文__余佩樺　攝影__ Peggy
資料提供__張宗本

近幾年日式刨冰在本地引起一番風潮，不只店鋪相繼增設賣刨冰品項，專賣刨冰的店家數量也明顯上升，就連帶台灣也刮起一股風潮。想經營日式刨冰品項，瑞鑫行負責人張宗本認為，除了冰磚本身，從刨冰的機器、刨冰形狀與細緻度、盛裝容器，甚至到淋醬的角度、擺飾的配料等，都要有一定的口感與美感。

世界各地都有吃冰的習慣，日本約莫從江戶時代開啟吃冰的文化，歷經明治、昭和等年代，冰也有了不同型態與變化。張宗本解釋，近代重要的分水嶺是在 2008 年，那時有些個性店家提出青年返鄉計畫，其中有一、兩位返鄉青年利用在地食材製成口味獨特的刨冰，獲得好評迴響之餘，也開始獲得關注。而後隨刨冰愈趨精緻，再加媒體雜誌的宣傳下，2017 年左右刨冰種子已在日本全國遍地開花，也差不多這個時候，不少國人也開始將日式刨冰帶進台灣。

協助夥伴
找到不容易融化的冰磚

張宗本說，日式刨冰迷人之處在於刨出來的冰體口感，探究後發現刨冰機器是一大關鍵。2008 年以前日式刨冰主要設備是冰塊粉碎機，質地、口感相對粗獷，也無法在冰體高度上做突破，偶後開始有刨冰機誕生，以整塊冰磚削切出各式質地，冰體輕柔、口感細緻，也利於形塑出不同造型或是高度的冰品。2018 年張宗木將「Swan 鵝牌冰削機」正式進入台灣，不論手動還是自動，都有 6 種冰品質地可選擇，可依據想呈現的口感選擇質地。

除了引進設備，同時也把日本製作刨冰的精神傳遞給其他經營夥伴，作為經營冰品時的參考依據。他談到日本刨冰店對於使用的基本材料——冰，非常執著，就像之前流行的「自然冰」，是靠著大自然的力量慢慢結成冰，比一般的冰不易融化，刨出來的冰也相當鬆軟綿密，其實這就反應出冰的口感與製成時間有著密切的關係，快速凝結而成的冰磚，因水分子之間沒有足夠的時間去形成冰晶，一來組織結構較為鬆散，二來刨成冰後口感也沒那麼柔軟，且融化速度也很快。因此，張宗本在輔導經營夥伴時，留意冰塊的來源、製成方式，也協助他們找到不容易融化的冰磚，目前在台北也已找到製冰廠商願意獨立開一條專屬生產線製冰，以慢速冷煤方式製作冰磚，刨出來的冰口感鬆軟也不易融化。

從在地產品
找到口味突破的可能

日本人製冰，除了講究冰體，對於口味也別具用心。日式冰主要採用淋醬來為冰增添風味，張宗本說，2008 年之前多以化學糖漿為主，之後因返鄉青年開始使用在地食材做口味的突破後，陸續開始有人用當季水果、蔬菜製作成各式淋醬，隨時節推出當季口味，好讓刨冰饕客每次光顧都能遇到驚喜。

放置刨冰機的檯面深度需格外留意，以極致鵝絨冰削機為例，至少需要 65 公分深較為理想。

NMU 幸卉文學咖啡店內所販售的「玫瑰荔枝酒蜜覆盆子刨冰」，冰中所使用的玫瑰就是選自南投埔里。

「金木樨夏多內刨冰」用的是醃漬過的桂花蜜和乾燥帶著苦韻的桂花乾，裝飾吸睛、香氣也怡人。

　　看到日本人透過刨冰讓人以不同方式認識各個在地食材，張宗本說，在輔導過程中其實也很鼓勵店家能以在地產物做口味上的發想，找出自己的產品特色，也與市場做出區隔。像是位於台中的 NMU 幸卉文學咖啡，店內除了貼售咖啡也賣日式刨冰，其中「玫瑰荔枝酒蜜覆盆子刨冰」所使用的玫瑰就是選自南投埔里；「金木樨夏多內刨冰」裡頭用的是醃漬過的桂花蜜和乾燥帶著苦韻的桂花乾，這些也都出產自台灣，用於冰品上不僅吸睛，香氣也很怡人。除此之外，2020 年也與位在高雄美濃的店家一起討論如何以「水蓮」入冰品的味，最終不只將水蓮製成清新爽口醬汁，也建議店家在製作過程中可加入寒天素材，提升淋醬的濃稠度，淋於冰上的同時也能完美附著。

　　張宗本說，觀察日本市面上生意較好的冰店，都有一共同的特點，那就是他們很有創新突破的精神。像是在日本不少是店鋪是以增設方式賣刨冰，因此他們也大膽地以店內食材來製作冰品，刨冰搭上牛肉、牡蠣都不足為奇。他說正是因為這些創意，除了口味令人驚艷，再者食材非同於淋醬，使得他們在擺盤、盛裝上也一直有所超越。

因刨冰時會落下許多碎冰，刨冰機最好與水槽緊鄰，以利髒水能順勢排出。

刨冰區域規劃
影響使用順暢度

　　張宗本說，無論想從原店增設賣刨冰品項，還是開設一獨專賣刨冰的獨立店，一定要留意製作刨冰區域的規劃。以 Swan 極致鵝絨冰削機為例，整座機體約 110 公分、長寬為 65 公分╳65 公分，若是在開店後才想添設冰品項目，除了有足夠的空間置放設備外，建議檯面深度至少要 65 公分深較為理想；再者因刨水時會落下許多碎冰，刨冰機最好與水槽緊鄰，以利髒水能順勢排出。另外，擺放冰塊的冷凍櫃可選直立式，較不佔空間，冷凍櫃最好擺在刨冰機附近，因為一塊冰的重量不輕，再加上不少製冰人員多為女性，一旦距離過遠，拿取移動過程就容易消耗體力也較為吃力；冰品的醬料、配料的擺放亦是，最好就在附近，最理想的是手一伸就可拿到，或是簡單平移幾個步伐或是轉個身就能拿取，因為當來客量一多時，過多的動作都是消耗體力一種。

　　刨冰機最合宜的高度就是當冰削落下來、手伸出去盛裝時最好是能平視的，好降低彎腰製作的頻率也較不費力。不過因為廚房檯面高度多為既定規格，因此不少店家會選擇將製冰機架高，張宗本提醒，架高的高度以不搖晃為原則，因為設備一旦搖晃就無法刨出質地均勻、細緻的冰，但墊高到某個程度機器又會搖動，所以一定要在高度與機器搖晃之間找到一個平衡點才行。至於要添購幾台刨冰較為理想？他說可從一天尖峰時間的出盤（或碗）量來評估，若一天尖峰時段冰的銷售量不超過100 碗，以 Swan 極致鵝絨冰削機為例，入門款一台便已足夠，反之則可選擇製冰速度較快的款式。若是預算有限的情況下，建議可先以入門款為主，待生意逐漸穩定、預算也夠了後，再添購其他的款式。

　　趨勢觀點

1. 冰磚、設備皆是製冰的重要靈魂。
2. 挖掘在地食材，做口味上的創新。
3. 從銷售、預算逐步添加製冰機器。

Part 1-3

品牌
經營術
食物設計師

運用主題設定、拆解、重組基礎概念

味嚼喃喃網站主理人

——包周 Bow. Chou

創新冰品口味更有豐富變化

People Data

現職／香港餐飲品牌企業負責
Branding 及 Digital marketing
經歷／青少年烹飪老師及成人飲食生活風格飲食及料理講師、統一企業和全家超商擔任企業內部教育訓練教學食飾及色彩、「食物設計入門課」線上課程及 A.A. 無添加餐飲食品發展促進會顧問。線上課程：https://www.yottau.com.tw/course/intro/80

文＿許嘉芬
資料暨圖片提供＿味嚼喃喃包周

冰品如何突破口味、提升賣相？味嚼喃喃網站主理人暨「食物設計入門課」食物設計師包周提出冰品設計的基礎四步驟，並提點出如：帕菲杯 (Parfait) 的味覺層次堆疊、台式刨冰的器皿與冰料擺盤、義式冰淇淋透過尺寸迷你化等食飾設計的改變，就能讓冰品更有豐富變化。

受到社群平台興起所帶動的「相機先食」風氣，使得近幾年來食物的整體視覺設計愈來愈為講究，包周對於台灣近期掀起的冰品風潮，即建議創業者可以嘗試使用天然食材的色彩為食物染色，並試著在構思時增加「手繪的過程」，並非需要多厲害的繪畫技巧，而是透過手繪先畫出食物和顏色，再選出幾個色票，從色彩裡頭選擇風味相配的相關食材。一方面也試著將冰品視為甜品的選項之一，可以應用甜點製作的技巧、適度調整份量，例如拆解某一道甜點的組成轉換為冰品口味，就能做出自有品牌辨識度，也能提升冰品的精緻度。

思考味覺層次
堆疊與器皿質地顏色搭配

她也舉近期流行的帕菲杯（Parfait）為例，在於冰品設計、口味堆疊的思考上，可以有幾個不同的層面，包含，帕菲杯主要是不同冰淇淋或是甜點食材的堆疊，如果想讓品嚐者感受不同層次的變化，每一層建議可搭配不同顏色的水果或食材，並且在於味覺的呈現上，試著透過柔滑、酥脆、甜味以及偶爾迸出的酸味做出差異性，讓人驚喜於每一口食材的風味特色。而不論是哪一種甜品或是冰品，器皿色彩和材質，從視覺上也深深影響對於食物的冷、熱判斷，包周說道，例如咖啡色陶碗或木器皿即便是盛裝冰涼的糖水，但因為本身質地與顏色關係，反而會令人感覺是熱甜湯；白色粗陶則屬於中間溫度，對於食物冷熱溫度感所傳遞出來的視覺感受較不鮮明；藍白相間的器皿，藍色雖冷偏向清涼溫度，但因為有白色的比例，也可以取決於食物本身的色彩冷暖，去盛裝熱食，最後是很適合冰品的透明玻璃碗，透明會讓人無意識直接聯想到冰塊，且玻璃上的紋路越多，亦會產生更為清涼的效果，搭配熱甜品也會給人味道透明清爽之感。

設定主題、拆解、重組，
創造冰品口味獨特性

在看似日式刨冰、帕菲杯（Parfait）這種以視覺性為導向的飲食分享熱潮下，面對各式冰品未來將如何透過器皿與擺盤、食材裝飾技巧等等，達到彼此相互襯托創造吸睛焦點，包周提出她在 Yotta 開設的「食物設計入門課」線上課程其中幾個步驟的基礎概念，同樣適用於冰品。

第一步：食譜研發，食物設計最重要的基礎，是做出一份味道滿意的食譜，可以先不考慮造型。**第二步：主題設定**，設好主題如：品牌概念及元素、空間元素、故事、議題、大自然、色彩，按照主題去找出合適的技巧和造型。若想玩混搭（Mix and Match），也請記得這個混搭（Mix and Match）詞始終包含了「搭（Match）」這個字，食物設計也是相同的道理。**第三步：拆解**，把食譜內的相關的元素及風味拆解出來，如：糖。再找出與食譜風味也搭配的在地風味元素，找出不同口感各種食材，如：酥脆、軟滑、香氣、突出的風味。**第四步：重組**，把拆解的食材元素重組，就像可以把食譜內的糖，變成酥脆的薄片或糖絲，更可以把糖變成棉花糖，就像雲一樣。

器皿色彩和材質也會影響視覺上對於食物冷熱的判斷，以明亮清涼感的藍白餐墊，搭配白粗陶、玻璃器皿，即便盛裝的是熱甜湯，但視覺上的溫度感反而會偏涼。

冰品盛裝後，可在頂端放置橙皮，來增加香氣的層次。

用料多樣且富有層次的帕菲杯，可選擇透明
玻璃或具有錘目紋的玻璃器皿展示層次。

　　包周認為，只要擁有基本概念，冰品創作就能應用自如，另外，對於台式冰品在食物設計上的操作，她也有不同的想法。以「配料為主」的台式刨冰，食用上容易有兩個問題，一口料、一口冰，通常料吃完之後，冰還剩很多，或是有一派喜歡冰與料全部混合才吃，但堆得太高、湯匙一挖，冰反而倒塌到桌子上，或許可以試著把盛裝冰品的器皿口徑大膽放寬，讓不同冰料食材在視覺上，一區區地分布在刨冰上面，湯匙一挖就能冰與料同時挖起。最後聊到在於視覺呈現相對難以變化的義式冰淇淋，包周建議以行銷的角度思考，例如精釀啤酒會推出迷你版本的 6～8 杯組合，為的是讓消費者一次就能嘗試不同口味，義式冰淇淋或許可以在限定期間內，推出迷你甜筒多口味 combo 組合，在一個組合內能見到不同冰淇淋色彩，當顧客拍照打卡上傳時，更能創造吸睛亮點，她也提醒務必計算好成本及銷售定價，也別讓配角商品變成主角商品。

營運心法

1️⃣ 從冰品甜湯的溫度感去思考器皿顏色與質地的搭配性。
2️⃣ 利用主題設定、拆解與重組，做出冰品特色與風味。
3️⃣ 融入行銷手法設計冰品，改變尺寸、造型就能創造話題。

Part 1-3

品牌經營術

食物設計師

改變食材切法、排列與盛裝器皿

食物設計師

——盧怡安

平凡冰品也能做出差異特色與豐富視覺

People Data

現職／飲食作家
經歷／《商業周刊》alive 優生活主筆、
《Taster》駐站作家

擅長美食創作的料理人盧怡安，建議冰品創作靈感可由自身喜愛甜點、零食為思考，同時藉由切法、排列形式的改變，加上器皿盛裝方式與餐具配件的差異化，即可讓冰品視覺豐富、做出差異特色。

文＿許嘉芬
資料暨圖片提供＿盧怡安

過去從事生活雜誌記者十餘年的盧怡安，如今更具多重身分─美食創作家、料理人，平日不定時於 Instagram 書寫料理心情，不論是攝影、擺盤、切工，一張張誘人的餐桌照，總是吸引許多關注。聊及這次的冰品主題，有趣的是，盧怡安曾替台電設計兩款冰棒，為了對應主軸「觸電」，她提了花椒酸梅與桂花檸檬跳跳糖口味，前者花椒會令味覺麻如同被電到，後者則是在偏酸的檸檬味覺下添加優雅的桂花，最後再選搭西班牙純度如精品糖的跳跳糖，感受口中霹哩啪拉的趣味層次變化，即便兩款冰棒最終並未落實，但談起冰品創作這件事，盧怡安認為最直接的創作靈感就是來自於生活之中、並不見得要多怪異。她舉例如喜歡吃的零食，是否能透過其他形式加入冰品內，像是可樂果壓碎點綴於巧克力冰淇淋上，創造出鹹甜口感，或是千層派蛋糕，作為甜點時中間夾餡為卡士達醬，或許也能將卡士達醬部分轉換為冰淇淋。

運用切法、排列、對比尺寸，
豐富冰品視覺呈現

盧怡安接著補充，冰品的整體視覺設計上，與其想盡辦法做出花俏，不如花時間思考食材的切法、擺盤手法，好比傳統的草莓煉乳冰，多半是一個大碗隨意的擺上草莓，最後往頂部淋下大量煉乳，她建議不妨藉著草莓的不同切法做搭配，將對切的尖尖處朝上、清冰上整齊朝同一方向排列，最中心是完整大顆草莓，清冰底部周圍是配上切碎草莓丁，再加上些許草莓果醬，呈現出草莓的各種誘人姿態，最後亦可再點綴小薄荷葉，「細小食材可以對比襯托大比例食材，視覺上產生冰料很多的豐富性，而食材只要排列整齊就會有高級感，就像紐約米其林三星餐廳「Eleven Madison Park」，曾經把蛤蠣肉切碎、以非常工整的方式密集堆疊排列如大蛤蠣的樣貌，簡單卻有層次、也令人會心一笑，盧怡安說。

她繼續以葡萄食材為例，橫切成圓片樣貌、依序排列整齊之後，葡萄熬煮的果醬僅淋上冰品的 2 分之 1 左右，讓醬汁流下處稍微集中，就能突顯出果醬的濃稠與顆粒感，視覺上反而更有立體感。

改變器皿與配件，
逆向操作做出差異特色

　　除此之外，相較於冰品本身的造型設計，盧怡安建議可從盛裝器皿、餐具或周遭配件著手，例如曾經紅極一時的海之冰，便是將普通冰品以數倍大的方式呈現，當台式刨冰不再遵循傳統，而是以玻璃高腳杯盛裝變得更精緻化；冰淇淋不再放於甜筒或紙杯，藏於酥皮濃湯碗內，變得酥皮配著冰淇淋食用，「改變盛裝方式、尺寸，其實冰品就會變得很有趣。」盧怡安說道。關於器皿，盧怡安也推薦若是台式刨冰，不妨走一趟傳統雜貨店鋪，許多台式花盤、瓷碗用來表現「台味」更加順理成章，

盧怡安曾以馬告的檸檬清香與胡椒味，搭配些許蘭姆酒做 糖漬草莓，多樣的食材處理 概念也可運用於刨冰的配料上。

甜食或冰品器皿選擇只要發揮想像就可以非常有趣，盧怡安自製的百香果凍便直接使用百香果殼做為容器，配上黃銅湯匙，整體視覺精緻度更為提升。

譬如常見盛裝碗粿的藍白瓷碗，也很適合搭配西瓜冰，一次上桌以三小碗放置於托盤上的「SET」概念，即可產生畫龍點睛的效果。

　　其次，像是湯匙、托盤配件也是冰品視覺能夠操作的一個環節，透過如訂製有著品牌名稱的湯匙、以品牌設計小餅乾裝飾於冰品上，價位較高的冰品，湯匙上綁個小緞帶，搭配黃銅材質，托盤甚至直接是一塊質樸的水泥，跳脫時下冰品氛圍限制，差異化的形式亮相，就能做出與眾不同。不過，盧怡安也提醒，冰品口味創新、視覺與造型整體呈現時，創業者務必回歸「食用」與「實用」，思考消費者品嚐時會出現哪些問題，不光僅有外在同樣具備功能，才能做出迎合人心的創意冰品。

不鏽鋼材質器皿視覺上具有清涼感受，也有些許的保冰效果，很適合作為冰品盛裝，上桌時可再搭配香草植物作點綴。

冰品盛裝亦可直接以水果為器皿，盧怡安以挖球器挖出滿滿一盅可愛的西瓜球，底部若換上刨冰也相當適合。

食物設計心法

1　利用食材大小比例襯托冰品的豐富視覺感。
2　改變器皿與盛裝的包袱限制，創造趣味食冰氛圍。
3　口味與擺盤創新思考時，務必回歸「食用」與「實用」。

Part 1-3

品牌經營術

品牌經營者

跨界聯名持續鑽研冰品新口味

蠕尾家創辦人
———李豫

海外拓點把品牌推向國際化

People Data

現職／蠕尾家甘味処、NINAO Gelato
負責人
經歷／傢具行業務、攝影助理

即便沒有餐飲背景，「蠕尾家」創辦人李豫在籌備品牌之初，從命名、定位就很有想法，既然投入就得抱持對冰品的責任感，他進一步挑戰義式冰淇淋更拿到世界冰淇淋大賽亞軍，對製冰過程的龜毛連日本人也深感佩服，進而將蠕尾家代理至東京展店，誓言將蠕尾家國際化的李豫，他做到了。

文＿許嘉芬
資料暨圖片提供＿李豫

9 年前原本荒涼沒落的正興街，因為蜷尾家甘味処的進駐，帶動周邊觀光，從此成為熱門景點，兩年後李豫又再度成立義式冰淇淋－NINAO Gelato，更於 2015 年獲得 Gelato World Tour 東亞區銀牌，2018 年在日本東京三軒茶屋開設首間海外旗艦店，再度從日本紅回台灣，近年來也成為飯店、酒吧等品牌爭相邀約合作，一步步建立起台灣冰王的地位。

觀察市場需求，
就能被更多人看見

成立蜷尾家之前，李豫待過劇組、做過進口傢具業務，回南部後想開店創業，腦中第一個浮現的就是霜淇淋。李豫回想在台北生活時，因地緣之便，常常和當時的女友（現已是太太）跑到淡水老街，笑稱吃完阿給買霜淇淋已是標準流程，最高紀錄還曾經一天吃過 3 支，再加上當年台南藍曬圖尚未遷移，每到週末李豫總愛到大菜市吃上一碗意麵再以江水號刨冰畫下完美句點，他觀察到周邊步行的遊客很多，熱門小吃都得等待座位，霜淇淋不受空間、時間限制，又能邊走邊吃，而且當時在台南若想吃霜淇淋，僅有麥當勞或高雄 IKEA 能選擇，「既然都沒有人要做，也會被比較多人看見、較容易成功，」李豫解釋道。

拒用現成配方，
做出大家沒吃過的霜淇淋

籌備過程中，李豫諮詢身邊擁有品牌管理、經營等經驗的朋友們，提出想以日本霜淇淋為開店範本，做出一支新台幣 70 元的冰，殊不知紛紛被打槍，此時太太的一句話「想做就去做吧！做了才知道啊！」，開始讓他積極展開行動，找來姊姊與朋友小朱三人合夥湊錢，加上父親贊助的新台幣 36 萬元，以新台幣 108 萬資金投入蜷尾家品牌。由於資金有限，李豫輾轉跑了屏東、台中、台南終於買到兩台霜淇淋機設備，原本一起到設備商去學基本的冰淇淋製作課程，但李豫想著，大家上課所學都一樣，做出

來也一樣，怎會有自己的風格？於是他們發揮大數據統整概念，網路搜尋國外製冰的公開配方，統計出牛奶、鮮奶油、糖的比例範圍，靠著在自家車庫天天試做調整口感和味道。不僅如此，李豫聽聞日本霜淇淋很有名、很好吃，尚未有機會出國的他，只要朋友從日本旅遊回來，一定會拜託他們上飛機前吃一支霜淇淋，回國後再試吃李豫做的，從朋友試吃中找出最恰當的比例。就這樣歷經好幾個月的準備，蜷尾家於 2012 年 2 月開幕，甫開幕便吸引大批人潮，李豫笑說其實是無心插柳，因為中古冰淇淋機老舊，6 分鐘只能產出 4 支冰淇淋，人一多就形成長長的人龍隊伍，加上霜淇淋為散步甜食，遊客走動自然形成活招牌，吸引大家紛紛尋找蜷尾家，逐漸打開名

蜷尾家不定期會舉辦快閃，2020 夏季於台北民生社區的快閃店，以繽紛歡愉的色彩打造，成為醒目焦點。

民生社區快閃近二個月期間，每週皆會變化新口味，左為使用初鹿牛奶的「海鹽牛乳霜淇淋」，
右為李豫奪得世界冰淇淋大賽獎項的代表作品「爆米香荔枝蜜紅茶霜淇淋」。

氣，當然一方面也由於李豫改變配方，堅持從牛奶、水果、茶等原料製作起，而非廠商現成的醬，做出大家所沒有吃過的霜淇淋，成為顧客一再回購的主要關鍵。

學習正統義式冰淇淋，
挑戰世界舞台

更令人訝異的是，2012 年 12 月的日本霜淇淋參訪，李豫在廠商推薦下品嘗到義大利知名品牌 GORM 冰淇淋，才驚覺「何謂真正厲害的冰淇淋」，加上過往曾是運動選手出生、好勝心強，得知有「世界義式冰淇淋之旅大賽」（Gelato World Tour），但參賽前提是需要擁有一間冰淇淋店。於是他便於 2013 年前往義大利冰淇淋大學（Gelato University），學習正統的義式冰淇淋，回國後隨即在台南安平開了 NINAO Gelato，並斥資近新台幣 300 萬元買下兩台和義大利名店 La Sorbetteria Castiglione 一樣的直立式冰淇淋機，開始他的練冰之路。過程中也曾想完全移植義式口味，但深知原物料差異性，

因看上蜷尾家的產品、品牌能量，吸引日本集團代理至東京開始海外展店，首間旗艦店座落於三軒茶屋，口味、技術皆由李豫主導開發。

蜷尾家開業二年左右，李豫因著對冰淇淋的專注與熱情，繼續前往義大利學習義式冰淇淋，回國後不惜砸下重資打造位於安平的 NINAO Gelato，落腳於府都建設的清水模建築，對應高端冰品品牌定位，也融合他長年的藝術收藏，彷如美術館般。

李豫慢慢研究出自己的特色，且必須是完全跳脫蜷尾家，不只是冰品、更包括空間氛圍。最終皇天不負苦心人，在李豫的認真努力下，以爆米香荔枝蜜紅茶冰淇淋奪得 Gelato World Tour 亞軍，聊及這段過程，李豫提到在他生命中有許多長輩貴人，其中府都建設老闆陳桑（補全名）影響至深，當 NINAO Gelato 面臨經營壓力時，陳桑對他說「不用擔心房租，好好準備比賽最重要。」

走出海外將蜷尾家品牌化

爾後，李豫更將蜷尾家北上舉辦快閃店型，就在此時因協助日本 MASH SALES LAB 旗下的 gelato pique cafe Taiwan 法式可麗餅提供霜淇淋，因業績遠出乎可麗餅，促使集團社長關注到蜷尾家品牌，實際派員至台南參訪後決定代理蜷尾家品牌、進駐東京三軒茶屋。李豫提到選擇日本作為海外第一間分店，主要是考量食材品質，「日本擁有全亞洲最佳的牛奶品質，一定可以把霜淇淋做得更好吃，而且，我希望蜷尾家晉升國際性品牌、賣到全世界，李豫堅定地說。在於品牌經營步伐的計畫之外，與知本老爺飯店推合作推出的「柴魚鹹花生」及「紅寶石之戀」等兩款迷你杯冰淇淋，抑或是與東區人氣酒吧 Draft Land 聯名的微醺冰品：熱帶水果 Mojito 和荔枝覆盆子多多，在在成為李豫在做冰這條路上，不斷激勵自我的動力。

營運心法

1 確認自身對冰品市場投入的目標，將其看待為畢生志業的心態。
2 時時觀察餐飲市場脈動與變化，適時調整營運方向。
3 跨界品牌聯名合作，自我鞭策冰品口味的創新研發。

Part 1-3

品牌
經營術

品牌經營者

以冰淇淋職人為定位，堅持創新口味做出品牌價值

Double V 主理人

────陳謙璿 Willson

親民 VS. 精緻冰品差異，切出冰品市場的新型態

People Data

現職／Double V 主廚、Deux Doux Crèmerie, Pâtisserie & Café 創辦人

經歷／兩岸烘焙人協會冰淇淋技術委員、國內多家知名大廠冰淇淋 & 西點技術指導、法朋法式甜點 Le Ruban Pâtisserie 副主廚、科麥食品公司西點／冰淇淋示範技師、中華穀類食品工業技術研究所助理教師、比利時 Puratos 總部示範技師培訓

文__許嘉芬　攝影__沈仲達　資料提供__陳謙璿

投入職場發現適應不良的電機男──陳謙璿，憑藉著對於烘焙的熱情就此轉換跑道，從烘焙講師一路到原物料商的磨練過程，為他奠定紮實的開店基礎，最終加上法式甜點的研發背景與喜愛創新的個人特質之下，陸續創立「Double V」與「Deux Doux Crèmerie, Pâtisserie & Café」兩家冰品品牌，一間是口味多變、價格親民的大眾路線，後者則是將冰品口味、視覺徹底進階，明確的品牌差異，成為冰品界的閃耀之星。

開業 4 年多的「Double V」主理人陳謙璿（Willson），至今研發出五百多種義式冰淇淋，每天堅持提供 9 種不同的口味，獨創配方、風味層次表現出色，早已成為眾所皆知的冰淇淋職人，除了 Double V，他在 2020 年 6 月更推出 Deux Doux Crèmerie, Pâtisserie & Café，將冰淇淋帶往如同法式甜點般精緻、典雅的層次，顛覆大眾對於冰品的認知。一路走來，陳謙璿很有感觸地說，絕對要有興趣，以及品牌要先活得下去才有辦法談理念。

甜點課程、穀研所助教、原物料商經歷，奠定開店基礎

當年他放棄學了 7 年的電機，毅然決然辭去別人眼中穩定的工程師工作，選擇到知名烘焙蛋糕店從學徒做起，學習餅乾、蛋糕、三明治等多樣性西點，爾後在師傅鼓勵下決定出國進修，回憶起那段日子，陳謙璿笑著說「真的非常辛苦！」英文能力有限，花了約一年時間建立基本法文溝通，最後經由法國老師推薦選擇到 Lenôtre 雷諾特廚藝學校的大師課程（Master Class）主修甜點，因在台灣已有基礎，陳謙璿學得快，也加強許多甜點的理論概念。然而返台後，他並沒有創業開店，而是先到台灣烘焙重鎮「中華穀類食品工業技術研究所」擔任助教，「即便我學到法國配方，但因為食材、原物料差異，做出來口味不見得會相同、一樣好吃，所以才決定先提高自己對台灣食材的掌握度。」陳謙璿解釋。一年多後被挖角到原物料供應商，要示範使用設備做出產品，也要輔導開店，剛好當時原物料商欲拓展冰淇淋市場，促使陳謙璿開始研究，並於 2014 年拿到台灣冰淇淋達人創意大賽冠軍，再加上「以前輔導客戶，總是被說開店哪有這麼簡單。」成為陳謙璿開冰淇淋店的種種契機。

以冰淇淋職人為定位，建立親民 VS. 精緻品牌差異

Double V 成立時，陳謙璿準備了新台幣 150 萬元，其中冰淇淋機就占

新台幣 80 萬元，而且最重要的心臟製冰機還是已經 30 多年的二手品，冷凍庫也僅足夠買 1 台，剛開店沒有冷氣，他開窗戶加上電風扇輔助做冰，初創店址因緣際會開在燈紅酒綠的台北條通，陳謙璿順勢將開店時間改為傍晚至十點半，再加上陳謙璿的研發能力強，冰品種類多變，逐漸打開 Double V 的名聲。「冰淇淋的難度在於技術和相關知識，當然也可以選擇現成預拌粉或醬料，只要混合均勻就可以做出一支冰淇淋，但當其他人都這樣做的時候，自己就少了特色，」陳謙璿說道。深知想走出獨特的路並做出勝負一定要有所創新，他靠著對食材的掌握能力不斷推陳出新，以雪酪（Sorbet）來說，成分其實僅有水果、水和糖，選用葡萄是否帶皮、加檸檬汁或是要加藍莓汁，都會讓味道截然不同，甚至於也會因著季節差異推出不同冰品，冬天是濃厚的榛果、開心果、奶酒或是巧克力口味，就算天冷吃起來也是舒服，夏天則是清爽微酸的水果等。

從條通搬遷至延吉街的 Double V，運用大量溫暖的木質鋪陳，鄰街的寬闊座椅可以隨性愜意地食冰，搭配玻璃窗面設計，形塑出親切怡人的氛圍。

相較 Double V 溫暖親切的木質基調，
Deux Doux 從外觀立面開始即鋪陳簡
約俐落、純白高雅的調性，從定位、
冰品設定即劃分出品牌的差異。

　　對於品牌命名，陳謙璿也很有想法，其英文名 W 開頭在法文的發音剛好正是 Double V，代表消費者吃得開心、他樂在投入冰淇淋開發，雙方勝利之意，刻意捨棄中文名也反而根深蒂固於消費者腦海中。而不論是創始店鋪或是近期搬遷至延吉街新址，Double V 整個品牌視覺走得也是輕鬆、自在路線，用色繽紛活潑，定位在希望讓消費者用親民價錢就能品嚐到天然食材冰淇淋。經過 4 年多的磨練，才又誕生 Deux Doux Crèmerie，Pâtisserie & Café，陳謙璿想做出冰的無限可能，利用甜點概念去做冰淇淋，兩個品牌本質即做出明顯差異，在構思新品牌視覺識別時也與為 Double V 注入鮮明藍紅條紋形象的果多設計團隊 by associates（曾打造畲室法式巧克力、CAFE!N）再次合作。 以兩位設計總監的歐洲設計背景，從命名到 LOGO 設計以及整體視覺氛圍，希望能做出與 Double V 一脈相承，又能展現獨特調性的品牌樣貌！ Deux Doux 第一個 D 是法文中數字 2 的意思，第二個 D 意指甜，簡單來說是雙倍甜蜜，一方面能與 Double V 產生連結，延續到 LOGO 設計上，剛好也仿效出帕妮杯上放置兩球冰加上一支湯匙，趣味的視覺加深品牌記憶。也由於 Deux Doux 定位為精緻冰品路線，空間氛圍、視覺呈現完全跳脫 Double V，以簡約典雅概念形塑。

陳謙璿開店至今已研發出 5 百多種冰品,專業熟悉的程度,讓 Double V 每天開店都能提供 9 種不同的冰品,近期也陸續開發各式小西點,增加可外帶品項。

每個月 Double V 門市都會舉辦嗜冰小食堂,透過 1 小時、小班制的講座形式,讓消費大眾學習到冰品的知識,講座中也會藉由試吃感受冰品的差異。

Double V 提供的外帶盒為義大利進口,其實成本很高,但陳謙璿堅持使用有幾個考量,此款保麗龍盒採用食品級鍍膜,外帶回家打開就能挖取食用,直接放進冰箱的保存狀態也會很好,再加上盒體是玉米澱粉材質可分解,也為環保盡一份心。

週活動、合作研發與講堂，
推廣冰淇淋與品牌名氣

　　從剛開店一天僅有幾杯的銷售，到現在穩定成長中，陳謙璿坦言根本沒預算做行銷，剛開店靠的是身兼講師、業師，或是公司行號福委會慢慢開拓 Double V 的品牌認知度，慢慢地也加入跨界合作研發，例如為知名火鍋詹記設計的飯後冰品甜點，包含各種很ㄅㄧㄤ的口味，或是米販食堂的「米香義式冰淇淋」，既是行銷品牌本身，也成為激發陳謙璿對冰品研發的靈感、不斷刺激他進步的動力。不僅如此，Double V 從開店至今也經常根據節慶推出特殊的「週活動」例如曾經於萬聖節推出酸甜苦辣冰淇淋，品嚐過後才知道酸味冰淇淋是哪種口味，也曾經找來 9 種日本、台灣黑糖做成不同的黑糖口味冰淇淋……等，若不是對冰淇淋已經熟悉如同職人的角色，加上願意投入原物料與人事成本，這並非所有品牌都能辦到。

　　不僅如此，直到現在 Double V 每個月都會舉辦嗜冰學堂，想讓消費大眾知道冰品的差異，雪酪口感應該是如何、同樣都是香草冰淇淋，為什麼吃起來味道卻不太一樣？陳謙璿說，「透過感受去校止味覺，再選擇自己所喜歡吃的」是他最大初衷，面對未來想投入冰淇淋領域的創業者，他認為，冰淇淋是甜品中尚未被開發的一片藍海，以往僅是咖啡店的小配角，如今愈多人想投入是好事，品牌彼此可以互相串聯、溝通，冰淇淋市場才會逐漸擴大，但應做出品牌、產品定位的差異化。

營運心法

1 掌握對食材與設備的了解，勇於嘗試研發創新口味。
2 週活動與節慶冰品設計，建立品牌於冰界的專業職人定位。
3 以親民、精緻打造雙品牌的差異與特色區別，做出別人模仿不來的價值。

Part 1-3

品牌經營術

品牌經營者

一家冰店做成永康街地標，原創芒果冰布局下個 20 年

ICE MONSTER 創辦人

───羅駿樺

從自己喜愛的味道出發，從內向外傳遞「簡單的快樂」

People Data

現職／永康餐飲股份有限公司董事長

文＿楊宜倩　攝影＿Amily
資料暨圖片提供＿ ICE MONSTER

在 2021 年要開發出「原創商品」，真的不比登上月球簡單，太陽底下已無新鮮事。不過，早在 Facebook、Instagram 等社交軟體陪伴成長的 Z 世代剛出生的 1997 年，羅駿樺憑著一股堅定的冰品創業熱忱，告訴永康街的房東，要把「這個三角窗做成地標」，讓這句豪語實現的關鍵，便是風靡海內外饕客 20 多年的一盤新鮮芒果冰。

「有客人以為 ICE MONSTER 是國外的品牌，」永康餐飲股份有限公司的董事長、ICE MONSTER 創辦人羅駿樺這麼說：「其實在品牌成立之初，ICE MONSTER 就一直在招牌上，後來為了將品牌推向國際，才將冰館二字拿掉。」不過無論是舊雨還是新知，嚐過他們出品的冰品、甜湯還是茶飲，都能感受到從味蕾傳到大腦的快樂滿足，一口接一口停不下來，背後到底有什麼神奇的魔力？羅駿樺謙虛表示其實就是日復一日堅持把控餐點品質鮮度，只賣對得起消費者的產品。

客人反觀經營的一面鏡子，
大膽將價值反映在價格上

回憶從職場離開想要創業那段時間，羅駿樺坦言當時並不明確知道要做哪個業種，但因地緣關係看好永康街商圈，過去從事業務工作的他，對於每個巷口三角窗適合開什麼店自有一套想法，看中永康街三角窗店面，覺得那裡就該開一家冰店，當時並無談判資源的他，突發奇想在店面門口擺攤引起房東注意，便拜師金華街榮民伯伯學做蔥油餅，將肉餡捲入餅內，當時的攤子都沒有店名招牌，他便請擅長書法的父親寫了「北方攤肉餅」做為招牌，擺攤頭幾天來求字的比買餅的多，沒多久到了下午就排起人龍，在一排攤子中脫穎而出，吸引電視媒體報導（當時網路還是撥接時代），每月營收達新台幣 28 萬元！幾個月後房東果然現身趕人，羅駿樺鼓起勇氣向房東簡報開冰店計劃並爭取承租，房東不解他不賣已紅的蔥油餅而要賣冰，直言他是第 7 順位，羅駿樺便與房東分享他的永康街三角窗開店分析，打動房東在 1997 年以每月新台幣 8 萬元代價租到理想店面，開設 ICE MONSTER 冰館。最初他從改善吃冰的環境切入市場，打造在街邊陽傘下的悠閒氛圍，賣的是常見的台式冰品，不過生意慘澹，羅駿樺嘆道：「整條街的店家都笑我，擺攤一個月賺 20 萬元，開店一個月要賠 20 萬元，連房東都勸我頂讓。」苦撐了一年多，他決定用自己愛吃的水果——芒果，徹底將產品改頭換面。新鮮芒果冰研發出來之後，擺到菜單上

推薦客人都不點，只好用送的請客人試試看給意見，多數吃過的人都為之驚豔，送了近 1 個月後有人主動點，第二、三個月就開始排隊，當時台灣市面上並沒有用新鮮芒果做的刨冰，開發時隨手組合的造型，竟然就成為後起效仿者參考的原創藍本，從此誕生了國內外旅遊指南中永康街必吃名物——黃澄澄如小山一般澎派的新鮮芒果冰。

「客人」是店家經營的一面明鏡，排隊的人龍有多長代表市場熱度，排隊的人抱怨等太久有可能是內部流程不夠效率，本地客還是觀光客多反映品牌形象。由於排隊人龍從早到晚不斷，周邊自然而然出現了許多賣芒果冰的店，餐點樣子差不多，賣得比你便宜，羅

ICE MONSTER 在永康街的第一家店。

每三年改裝一次店面給予顧客新體驗，圖為原始店第二次裝潢。

左圖為松高店 2014 年第一次裝潢、右圖為現在店裝。

原創新鮮芒果冰，歷經多次升級調整，
價格從新台幣 60 元漲到現在 160 元。

駿樺也思考該如何面對競爭。每日直送新鮮水果堅持品質，降價只能犧牲品質，他
決定突顯原創性和純粹鮮度，再加碼一球芒果雪酪，最後用「調漲價格」應對，沒
想到調漲雖然顧客難免調侃，但人龍依舊，也履行了他對房東將三角窗店面做成地
標的承諾。

從新冠疫情反思經營策略，
聯合星級甜品師持續研發

　　經歷婚變、經營之爭的低潮，2012 年 ICE MONSTER 在忠孝東路開設旗艦店；透
過海外代理，2014 年北京王府井開幕，同年微風松高店開幕，2015 年日本東京表參
道店開幕，2019 年美國夏威夷店開幕，並回到永康街開設旗艦店。盛況從 2020 年
新冠肺炎疫情起封鎖邊境開始急轉直下，國外觀光客進不來，本地客已將品牌視為
觀光客排隊店，羅駿樺反思多年忽略這群將店捧起來的本地客，20220 年對內部來
說是研發轉型年，與義大利星級甜品主廚 Andrea Bonaffini 合作研發季節新品「玫瑰
覆盆子草莓綿花甜」、「大桔大利巧克力綿花甜」，即使無法出國也能品嘗異國風味、
在地食材激盪的味道，創作「材貌兼備」的吸睛產品；集中研發力道，並持續加強
異業合作、社群行銷，經營不同世代的消費者。

取得清真認證，開拓多元客群。

珍珠奶茶綿花甜的冰品口味，
傳承自北方肉攤餅時期賣的拉
茶。

從純素飲食主張切入，
布局美國純素甜品冰品市場

　　談及品牌未來展望，羅駿樺透露 2021 年夏季 ICE MONSTER 將在美國西雅圖直營展店的計劃。由於開店成立品牌之初，就以純粹、自然、新鮮為核心價值，盡量減少不必要的添加物，後來因應新南向觀光客，也取得清真認證。同時觀察到價值觀的轉向，對環境與動物友善的純素飲食（vegan）風潮，2018 年《經濟學人》（Economist）便觀察到蔬食市場崛起，將 2019 年定為「純素之年」（the year of the vegan）；2019 年底美國特殊食材協會（Specialty Food Association）發布趨勢報告，提出該年度名列第一的飲食趨勢正是「蔬食」（plant-based food）。全球疫情肆虐下，某些地區甚至出現「吃蔬菜戰疫情」之說，避免肉食供應鏈（尤其下游市場）成為病毒傳染途徑，而科技巨擘比爾蓋茲、企業家李嘉誠紛紛投入人造肉行業更是助長此勢，讓他從全產品奶蛋素朝研發純素茶飲冰品，青檸香橙雪酪、I'M 萃茶系列、I'M 水果茶系列產品為純素，並順應這股風潮開發美國純素甜冰品市場，讓這個 20 多年從台灣台北永康街發跡的品牌，走向國際佈局下一個 20 年。

營運心法

1️⃣ 只賣對得起消費者的產品，堅守品質為永續經營之本。
2️⃣ 讓人從心體驗簡單的快樂，對同事員工與顧客都如一。
3️⃣ 產品與空間都要與時俱進，在商機爆發前就佈局準備。

Part
2-1

冰品食材
取勝

ICE MONSTER

以芒果冰站上國際舞台的「ICE MONSTER」，對食材鮮度與品質的自我要求二十多年如一日，面對競爭者搶市場與消費者抉擇時，堅持初衷不鬆懈是應萬變的唯一法門。成立於 1997 年，面對和品牌同期誕生的年輕世代，除了真材實料的內涵，也持續在美感吸睛的餐食設計、求新求變的味蕾體驗上創新不綴。

芒果冰創始店，用在地新鮮食材創新口味
吃出質感與態度，好吃好看且健康零負擔

珍珠奶茶綿花甜使用真材實料的紅茶冰磚，前味微甜，後韻帶甘苦感，配方來自羅駿樺早年賣北方肉攤餅時賣的茶，淋上店家自行熬煮的焦糖醬，搭配用黑糖煮成的軟 Q 珍珠與手工奶酪，嚐起來就是珍珠奶茶！融化後也真的是一杯珍珠奶茶。

文＿楊宜倩　攝影＿ Amily　資料暨圖片提供＿ ICE MONSTER

拜網路崛起，社群網站成為新興社交、獲取資訊的平台，聚餐下午茶無不相機先吃、立馬上傳 Instagram，儼然成為 Z 世代生活日常，不斷嚐鮮、低品牌忠誠度的世代性格，讓餐飲品牌經營充滿挑戰。品牌成立已二十多年的 ICE MONSTER，經營依舊戰戰兢兢，不走加盟連鎖展店路線，就連分店也沒有跨出台北市，就是要堅守品質，讓顧客不管何時來都能嚐到記憶中的味道，同時持續從食材著手研發，保持品牌的新鮮感。

菜單從一本變一大張，
候位效率大躍進

你願意為吃一碗冰付出多少代價？一碗新台幣 200 多元、還要在人龍中排隊等候，箇中價值絕非用一個便當的價格類比能詮釋。20 年前 1 碗冰就敢賣新台幣 80 ～ 100 元，要吃還得先揮汗排隊，足見 ICE MONSTER 的冰品魅力。夏季限定的經典招牌「新鮮芒果綿花甜」，依照季節混搭多品種芒果，製作芒果冰磚與醬汁時，不會額外添加果膠，而是萃取金煌、玉文芒果的天然果膠，

ICE MONSTER 創辦人羅駿樺。

Brand Data

ICE MONSTER（原永康冰館）冰品專賣店，I'M「純粹・自然」秉持著這樣的堅持，將台灣的美好帶到全世界。

營運心法

1 大尺寸雙面菜單，將餐點分類引導顧客選擇，有效降低等待時間。
2 每三年調整空間裝潢，氛圍體驗隨時間趨勢前進，常客也能得到新鮮感。
3 觀察飲食風潮嘗試開發純素冰品，統整食材與製程取得清真純淨認證。

ICE MONSTER 微風松高店雖然位於百貨賣場中，但透過對外的大片玻璃引入採光，以戶外棚架意象設計高腳椅座位區，並在空間加入老闆及水果等品牌插畫，打造悠閒開放鬆氣氛。

新鮮芒果取肉厚的兩側切丁，籽兩側纖維較多的果肉打成果泥做醬，依酸、香、甜特質組合，旁邊配上一匙手工自製奶酪，再加上一球芒果雪酪，讓一盤芒果冰層次豐富多元。

產品囊括刨冰、綿花甜（鮮果冰磚）、甜湯、雪酪、冰棒、茶飲等，品項豐富，曾經做過精美一整本的菜單，後來發現不利閱讀造成選擇困難，讓點餐效率不佳，後來改為大尺寸雙面菜單，將餐點分類引導顧客選擇，這個動作有效降低等待時間。

三年改裝店面一次，
氛圍體驗與時俱進

由於品牌創辦人羅駿樺的初衷，是想給消費者不一樣、有質感的吃冰環境，在短短的吃冰時光就能享受簡單的快樂，因此從永康原始店開始，每家店幾乎每三年就調整一次空間裝潢，即使是常客也能得到新鮮感，透過店內設計風格、座位安排與材質運用的改變，讓顧客直接感受到品牌是隨時間趨勢前進，而不是一成不變。改裝後的松高店玻璃牆與仿清水模牆上點綴原創插畫，以黃色沖孔板搭配不鏽鋼管設計有如露天吧檯座位區，周圍設置

卡座與活動桌椅搭配活動桌椅,透過用色襯托品牌 LOGO 識別及營造活潑氛圍,吸引活躍在網路世代的年輕人注意。

研發純素、清真認證餐點,
為下一個飲食風潮做準備

ICE MONSTER 的全商品都是奶蛋素,也嘗試開發了純素冰品,並統整食材與製程取得清真純淨認證,羅駿樺坦言甜品冰品要做到純素、無添加真的很挑戰,增稠、凝固等都要用天然食材、植物原料,不是做不到,就是增加成本,且口感可能無法像有加動物性添加物來得彈 Q,必須耗費人力物力調整改良,像是廣受年輕人喜愛的新品「獨角獸綿花甜」,使用台南紅肉火龍果及屏東檸檬做成的雙色冰磚,甜美夢幻的配色都是用食材的顏色調出,這也是 ICE MONSTER 一碗冰要賣到中高價位的價值所在。2020 年因疫情讓原本的展店計劃暫緩,也因應邊境封鎖流失國外觀光客忍痛結束永康旗艦店,不過這些調整都是為了再出發,為新的事業計劃做足準備。

以老闆頭像做的品牌識別圖案,充分運用在紙巾、紙巾盒、名片等設計,強化顧客對品牌的記憶點。

吧檯高度可看見食材與製作過程,同時又能遮掩作業區設備較多的雜亂感,上方的看板從創始店的手寫黑板改成螢幕看板,達到靈活推廣行銷的目的。

①「獨角獸綿花甜」使用紅肉火龍果和檸檬冰磚，以植物性鮮奶油做點綴，最上層還灑上跳跳糖，口感特殊，另外一小杯黑糖珍珠，搭配食用層次更豐富。②「杏仁黑白切綿花甜」黑色是黑芝麻，白色是杏仁，配料有手工杏仁凍及蜜黑豆，加上一球濃郁香滑的芝麻雪酪，將滋味向上提升好幾個檔次，喜歡芝麻與杏仁的人必點。③冬季限定的甜湯也是店內招牌，手工芝麻湯圓＋紫米芋頭粥選用當季食材真材實料製作，不少顧客都是每到季節必來品嚐。④「I'M 水果茶系列」的滿杯香橙，採用茶冰塊融冰風味不變淡，份量慷慨的新鮮香橙切片與鮮榨果汁。

品牌經營

品牌名稱	ICE MONSTER
成立年分	1997 年
成立發源地	台灣台北市
首間冰店所在地	台北市大安區
成立資本額	NT.900 萬元
年度營收	NT.3,000 萬元
國內／海外家數佔比	台灣 3 家、海外 10 家（代理）
直營／加盟家數佔比	不提供
加盟條件／限制	不提供
加盟金額	不提供
加盟福利	不提供

店面營運

店面面積	30 ～ 40 坪（微風松高店）
冰品價格	綿花甜 NT.150 ～ 220 元、雪酪 NT.120 ～ 180 元、冰塊老闆冰棒 NT.80 元，冬季限定甜湯 NT.80 ～ 140 元，茶飲 NT.65 元起
每月銷售額	不提供
總投資	約 NT.750 萬元（設計／裝修／設備）
店租成本	不提供
裝修成本	設計裝修約 NT.450 萬元、設備費用約 NT.300 萬元
人事成本	不提供
空間設計	翡睿國際設計
明星商品	原創新鮮芒果冰、新鮮水果茶系列、紫米芋頭粥＋手工芝麻湯圓、珍珠奶茶綿花甜、獨角獸綿花甜、杏仁黑白切綿花甜

布局拓點計畫

1997 年	2012 年	2012 年	2015 年	2016 年	2017 年	2018 年	2019 年	2021 年
成立 ICE MONSTER 永康冰館	忠孝旗艦店開幕	微風松高店開幕	日本東京表參道店開幕，大陸開始代理	日本大阪店開幕	日本名古屋店開幕	日本沖繩店開幕	美國夏威夷店開幕，永康創始店開幕，韓國開始代理	4 月微風台大醫院店開幕，預計 7 月美國西雅圖直營店開幕

Part
2-1

冰品食材
取勝

N-Ice Taipei

外觀利用黑白兩色呈現簡約風，走進店門口能感受到天窗灑落的充足日光，牆上 LOGO 帶出「N-Ice Taipei」（以下簡稱 N-Ice），店內所有冰品、甜品皆以天然、無添加物為原則來製作，以食材做出市場區隔，在眾多冰店中找到專屬的品牌定位。

天然食材╳輕奢美學，吃冰也能好高雅

優質冰品自然會「銷售」

以義大利卡布里沙拉為靈感製成一道羅勒番茄冰霜佐梅漬番茄／莫札瑞拉起司，冰霜與梅漬番茄的清爽口感，配上羅勒糖漿，三者巧妙地融合在一起。

文＿陳頡如　攝影＿江建勳　資料提供＿ N-Ice Taipei

2019 年冰品業蓬勃發展，主理人林煒鈞（James）本來要到四季如夏的巴西開設 N-Ice，他親自到巴西測試水果甜度，卻發現當地水果不如台灣甜，但要從台灣運送過去，運費昂貴之外，巴西並非台灣邦交國，沒有簽署經貿條款，水果很難進口過去，而決定將創始店開在台北。因緣際會結識同樣熱愛飲食文化的店長謝鈞文，進而合夥創業。

從液態氮冰淇淋
演變到 Nice 的用餐體驗

James 原為調酒師，調酒經驗長達 15 年，平時很喜歡四處品嚐美食的他想開間與眾不同的冰店，受到分子料理大師 Thomas Keller 的影響，決定以液態氮現做冰淇淋，店名從氮氣分子符號「N」加上「Ice」而來，期待客人能感受到店內 Nice 的氛圍，除此之外，「N」還代表「Nature」，所有產品皆以天然、毫無添加物的水果與食材製成，也因為堅持不用任何保冷劑，N-Ice 不提供外帶服務，讓顧客吃得安心又健康。他更強調，「市面上充斥太多香精、化學添加物，人的味覺都被甜味劑搞壞，因此我認為餐飲回歸自然很重要。」

N-Ice 店長謝鈞文。

Brand Data

一間承襲台灣傳統滋味，卻以現代手法演繹的冰品店。主廚受到法式料理啟發，以重現細緻風味的手法製作，並採用台灣在地新鮮食材，將記憶中的經典味道製作成優雅的現代冰品。

營運心法

1 了解食材來源與種植，和小農打好關係，獲取品質絕佳的蔬果，主打天然食材冰品。
2 跳脫一般冰店氛圍，打造奢華度假般的舒適環境，讓客人愜意享用冰品。
3 快閃擺攤、參與國慶酒會，持續推廣品牌，同時以口碑行銷提升回購率。

入口處營造庭院度假風，以大理石桌面
搭配金色餐椅，從門口打卡牆到菜單皆
運用 N-Ice 的 LOGO，巧妙連結三球冰
淇淋與店名。

以純天然食材
做出市場區隔

　　N-Ice 店內所使用的水果皆是 James 和謝鈞文一起到市場挑選，先了解食
材來源與種植方式，和小農打好關係，以獲取品質絕佳的蔬果，剛開幕時，
很多人認為冰品單價太高，「冰品是用貨真價實的水果製作，成本相當高，
並不好賺，我們只是把成本反映在價格上，光是芒果冰就用了愛文、金煌、
黑香這 3 種芒果為基底，吃起來口感才會豐富、有層次，」James 補充說道，
但憑藉著天然食材的冰品優勢，依然有眾多客人一試成主顧。「經由觀察、
試吃每一批水果的甜度，在冰品內加入天然蔗糖，調配味道製成冰柱，需要
花費相當長的時間，也會隨著季節交替研發不同的冰品與甜湯。」此外，根
據客人的點單率替換銷售不佳的品項，推陳出新，新品必須具備 3 項不可或
缺的要素：風味、口感、記憶，才能推出上市。

　　在東區工作十多年的 James 喜歡街道巷弄如同日本京都般悠閒，在店面
選址不考量人流與車流，深信只要冰品好吃，客人自然會找上門。他觀察到，

多數傳統冰店或知名冰店，少有店家使用的糖漿、配料為百分百純天然食材，於是將食材當作 N-Ice 的獨特賣點，與其他冰品店做出市場區隔。

不追求翻桌率，
藉口碑行銷帶動人流

　　問及 N-Ice 的行銷規劃，James 表示多半是發布新品時，投放廣告在 Facebook、Instagram 等社群網站，其餘皆為媒體或網紅以彼此互惠的方式進行採訪、推廣。他認為光靠廣告來維持曝光量不足以支撐店面的長久發展，寧可將成本花在購買好的食材回饋顧客，讓顧客因為優質冰品不斷回流，藉由口耳相傳形成正循環。

　　針對店面氛圍的營造，James 希望跳脫一味追求翻桌率的冰店思維，讓每位來吃冰的人可以待在優雅舒適的環境，愜意地享用冰品。N-Ice 原來是屋齡 30 ～ 40 年的老屋，將原先層層包覆的地板、天花板、牆面、管線全部拆掉重新裝潢，放大侷促空間，店內風格以奢華度假風為主，立面以木工搭配線板並帶入林煒鈞的收藏，有奈良美智的畫作與

以白色、黑色、金色當作主要色系，貫穿店面。將最初開店研發的品項設計成立面菜單，搭配壓克力條漆上金色漆，菜單可以因應店面需求更新替換。

空間以明亮白色為主視覺，燈光配置藉由黃光照射牆面，白光照射桌面，部分桌面運用仿大理石貼皮，營造高貴質感。

良事設計的燕子時鐘，吧檯則參考調酒酒吧，希望客人能看到每一碗冰的製作過程，加上液態氮必須在 -196 度進行，操作過程中不小心就會導致皮膚凍傷，因此嚴密計算吧檯高度，讓兩人製作冰品時順手又不會感到腰痠背痛。

2020 年，即使新型冠狀病毒肺炎（COVID-19）影響全台餐飲業，N-Ice 因為長期有出租場地、承接食物外燴的額外收入，營業額並沒有下滑太多。不僅與科博館合作快閃擺攤，在小朋友面前展示用液態氮製冰，10 月更獲得外交部邀請參加國慶酒會，James 期許道，「如果未來 N-Ice 成為大型連鎖冰店，可能會和小農合作，形成冰品產業鏈，」之後當疫情趨緩，也不排除在全台各地展店，採直營方式與理念相近的人合作，持續推廣飲食教育。

吧檯高度經過計算，讓兩人製作冰品時順手又不會感到腰痠背痛。使用設備有兩台冰霜機、兩台攪拌機、兩台雪花冰機，一台製作雪花冰冰磚機，大約可應付 30 位左右的客人。

① James 運用蜜漬技巧，保留食材的原味，並讓蔗糖滲入，不但味道吃起來有層次，還能保存較長時間。② 以自製的太妃糖醬取代煉乳，讓整碗草莓雪花冰都是真材實料。

品牌經營

品牌名稱	N-Ice Taipei
成立年分	2019 年
成立發源地	台灣台北市
首間冰店所在地	台北市大安區
成立資本額	NT.280 萬元
年度營收	不提供
國內／海外家數佔比	台灣 1 家
直營／加盟家數佔比	直營 1 家
加盟條件／限制	不提供
加盟金額	不提供
加盟福利	不提供

店面營運

店面面積	30 坪
冰品價格	NT.140 ～ 280 元
每月銷售額	不提供
總投資	NT.280 萬元
店租成本	不提供
裝修成本	設計裝修約 NT.100 萬元、設備費用約 NT.90 萬元
人事成本	NT.10 萬元
空間設計	俚社設計工程
明星商品	雪花冰、液態氮冰淇淋、熱甜湯

布局拓點計畫

2018 年 1 月	2019 年 4 月
籌備	開幕

Part 2-1

冰品食材取勝

たまたま慢食堂

開業 8 年的たまたま慢食堂（以下簡稱慢食堂）為桃園首屈一指的日式冰品排隊名店，不刻意商業宣傳，僅利用不起眼的街邊招牌與回頭客的口耳相傳，讓轉角老宅冰店成為大家隨時都能輕鬆過來坐坐的暖心小鋪。

質感日式風格打開桃園冰品版圖

嚴選在地食材做感動人心的好甜點

雖然每年栗子冰的出場時間只有短短幾週，剝栗子殼也格外費時費力，但為了菜單的時序漸進感與熟客們的期待，仍是張育騰無法捨棄的季節快閃明星。

文＿黃婉貞　攝影＿江建勳　資料暨圖片提供＿たまたま慢食堂

　　張育騰夫妻原本各有正職，熱愛到處走走的他們，在旅行中重新找到生活靈感與歸屬，30 歲毅然轉業開店，「希望像旅途中遇見的溫暖小店，用心以在地食材做讓人感動的食物。」而 8 歲的慢食堂已是桃園人的推薦名店，日式刨冰、烤糰子是最熱門的招牌商品，成功從刨冰市場走出自己的一條康莊大道。

交通絕佳老宅改造，
低調打造轉角冰店

　　兩人創業初期是用太太住家 5 坪不到的車庫充當店面，生意日益變好的同時也突顯無洗手間窘境與小巷停車問題，兩年後搬過一次家，2015 年遷移現址才穩定下來。現在的慢食堂為老宅改建，位於舊市區與小檜溪重劃區間，緊鄰上國道主要路段與公園，門口更有台北直達的客運站牌，各種有利因素加持，為原本好口碑的它成功擴大原有客源。此外，30 坪店內面積增設了內外雙廚房，方便處理不同食材；而自家就位於樓上、有利於公私兼顧，意外方便 3 隻貓老闆能彈性上下班，偶爾擔任招呼客人的工作。

たまたま慢食堂店長張育騰。30 歲毅然從機械產業轉行創立日式冰品店「慢食堂」的張育騰，憑藉著準確的市場定位切入，以低調經營理念與高標產品要求，令最冰冷食物營造最溫暖的體驗。

Brand Data

たまたま慢食堂店內精選充分了解製程、種植農法的原料，利用台灣職人角度開發最符合在地口味的日式甜點種類，希望無論是專程到來或偶然駐足的訪客都能在這轉角小店創造最甜蜜回憶。

營運心法

1 提供小份量冰品甜湯組合，讓客人可彈性選擇，一次品嚐多樣沒有負擔。
2 根據季節調整冰品口味，結合珍貴快閃食材品項，不斷創造新鮮感。
3 開發專屬冬季的熱甜湯、紫米粥，平穩度過刨冰的寒冬考驗。

慢食堂 2015 搬至現址，為數十年老宅改造而成，位於街邊轉角，緊鄰要道與公園，秉持老闆一貫的低調經營原則，僅有跟著搬遷 8 年的元老級招牌與門口立牌標示，讓人不禁想走進來一探究竟。

入口處以舊木拼板圈圍出點餐吧檯，左右兩端皆可進出，能第一時間接待訪客；較高遮板設計能妥善隱藏後方外廚房的器械廚具，避免視覺雜亂。

Mini 份量小小冰，
品嚐多樣甜點無負擔

　　店內冰品以水果、茶類口味為主，另外提供 mini 與正常的份量區別，更延伸出小份量的冷熱混搭套餐如：小小冰與熱湯、小小冰與布丁等，貼心的 menu 規劃讓一次想吃多樣或冷天想吃冰的客人們有更彈性選擇。

　　「小小冰發想來自於我太太下班後隨手用高腳杯做出的小剉冰，覺得小份量沒有負擔、非常適合淺嚐或是想搭配其他品項的客人食用。」張育騰說道。值得一提的是，菜單上搭配彩色商品圖與詳細的配料文字圖說，連第一次到訪的人都可以輕鬆理解，有效減少詢問人力與點餐時間。

熟客的秘密—限量食材製作，
快閃冰品強調季節轉換新鮮感

　　張育騰夫妻能慧眼獨具、精準選擇日式冰品是根據開業前的市調結果，「選擇日式冰品能更快做出市場區隔，但能長久經營還是得靠食物本身！選用自己滿意的食材與做法是商品能夠推出的唯一標準，亦為現在依然遵循的原則。」

值得一提的是，兩人不嫌麻煩、會依循季節調整冰品種類，例如無花果、栗子、提拉米蘇等，讓菜單呈現氣候變化的層次感，也成為現在熟客主動詢問的珍貴快閃品項！張育騰開發新品都是一點一滴從網路上尋找，嘗試口味與修正外型，像哈密瓜冰從最開始的台南 11 號、台南 13 號、七股香，到現役的台灣種植、日本品種阿露斯，不惜時間與繁瑣溝通過程力求達到自己最嚴格的標準。

冰店淡旺季落差大，
熱甜湯輔助渡寒冬

夏天的慢食堂是桃園炙手可熱的排隊名店，店內 30 多個座位通常在 12 點一開門就會全滿，張育騰計算過，兩台刨冰機加上 5、6 位人手，一組客人備餐時間約 5 分鐘，最後一組客人拿到餐點需 30 分鐘左右。張育騰表示：「剉冰暗藏很多細節，例如上面需要堆疊多樣配料的宇治金時，冰便需調整為較粗顆粒避免塌陷，圓形外觀的結構與塑型亦需要長時間練習手感，所以主要是由我跟太太負責，人手調度也因此受限。」

而冬天來客數則是旺季的三分之 1，此時會減少店員數量，降低人事成本，曾經下午 3 點才迎來第一組客人，生意差到連老闆自己都默默上網投履歷，後來開發出冬季搭配的熱甜湯、紫米粥系列才能平穩渡過淡季考驗。

內座位區基本沿用原本老宅格局，桌椅部分是創業初期用到現在，有些則是新購入的生力軍，統一的木質調性配上有年紀的磨石子地板、漆白的窗櫺，空間頓時縈繞一股懷舊的日式氛圍。

老房子特有的騎樓成為慢食堂獨有的半開放戶外區，天氣好的時候坐在這兒邊吃冰邊享受戶外日光與街景，有種偷得浮生半日閒的愜意感。

店內隨處可見各種藝文書籍與刊物,以及一人座的秘密位置,即使獨自前來享受下午時光也不無聊,要是幸運的話,可能會偶遇下來視察的貓老闆喔!

用たまたま精神,
低調而友善地經營在地小店

「我們不希望摻雜過多商業宣傳開店本意變調,目前主要以 Facebook 為主要社交平台發布訊息,分享在地表演、市集活動,用現有空間做藝文交流平台。」張老闆如是說。同時也因緣際會地與「菜菜朝食」、「道子食堂」進行快閃合作,創造更多間接宣傳機會分享美食,就如同店名たまたま這種偶然、隨性的精神,自然連結起各地訪客,在慢食堂享受片刻幸福的甜蜜緣分。

① 因客人介紹而與擅料理的「道子食堂」合作,在慢食堂的老房子空間裡,飄起難得的飯菜香,與冰品甜食進行一場無形的美味交流。② 冬日淡季時,店中利用冰品加入茶類、熱甜湯做變化,搭配簡單烤糰子,豐富品項與口感趣味,有效穩定來客數。③ mini 分量冰品搭配熱甜湯,充分滿足冷熱都想吃到卻擔心吃不完的顧客心情,是非常體貼的套餐巧思。

品牌經營

品牌名稱	たまたま慢食堂
成立年分	2012 年
成立發源地	台灣桃園市
首間冰店所在地	桃園市桃園區
成立資本額	約 NT.20 萬元
年度營收	不提供
國內／海外家數佔比	台灣 1 家
直營／加盟家數佔比	直營 1 家
加盟條件／限制	不開放加盟
加盟金額	無
加盟福利	無

店面營運

店面面積	30 坪
冰品價格	一碗約 NT.130 元
每月銷售額	不提供
總投資	約 NT.100 萬元
店租成本	不提供
裝修成本	設計裝修 & 設備費用 NT.60 ～ 70 萬元
人事成本	夏季約 NT.10 萬元／月，冬季約 NT.5 萬元／月
空間設計	店主自行規劃
明星商品	宇治金時、烤糰子、聖代

布局拓點計畫

2012 年	2014 年 8 月	2015 年 7 月
桃園寶山街開幕	遷址至民富三街	遷址至鎮三街

Part 2-1

冰品食材取勝

八時神仙草

「八時神仙草」秉持「用料天然」的精神，熬煮仙草時堅持不添加鹼，燉煮 8 小時，讓仙草散發本身清香、入口回甘滑嫩的韻味，同時也著重品牌形象、行銷企劃，以加盟方式擴大品牌規盟，目前在台北、台中各有一間加盟店。

注重品牌行銷，以加盟擴大規模
8 小時淬鍊無鹼仙草攻佔饕客味蕾

雪花冰翠雪系列產品的作法又不同，底層有嫩仙草，中間鋪上層層雪花冰，頂端再依不同品項淋上配料，讓味道較有層次，像「嫩仙草雪花盛盤」就是就是放上香甜紅豆餡料。

文__賴彥竹 攝影__江建勳 資料提供__八時神仙草

　　八時神仙草創辦人藍俊麟、陳品靜並非一開始就想鑽研仙草。藍俊麟說，兩人曾至澳洲打工度假，身在外地非常想念台灣味，當時製作芋、薯圓分享，意外大獲好評，回台後想一圓創業夢，但芋、薯圓為配料，需有個主產品，在實際觀察冰品、手搖店市場後，發現市面上較少以仙草為主的甜品店，因此決議捲起袖子研究仙草。

天然真材實料，
口感滑嫩回甘

　　店名取為八時神仙草，即是強調仙草無添加鹼，歷經 8 小時燉煮、2 次冷卻，熬煮出仙草的膠質定型成凍，色澤呈現剔透的深褐色，天然仙草入口後，雖有些許的苦味，但口感滑嫩，甚至能回甘於喉腔。

　　問及為何堅持不加鹼熬煮，藍俊麟解釋，當時還特地搜尋文獻資料，才知道市面上大多會添加鹼燉煮，破壞仙草細胞壁，熬煮時間只須 3 ～ 4 小時，以成本來說，省時又省瓦斯，但因自身不喜歡鹼的味道，也認為應堅持天然真材實料，所以寧可花兩倍時間燉煮，也要保留仙草最天然的味道。

八時神仙草創辦人藍俊麟，以精緻化仙草、營造用餐新體驗為主要營運方向，區隔市場定位。

Brand Data

八時神仙草企圖找回最簡單的滋味，嘗試突破市場原則，在熬煮仙草過程中，不添加鹼等添加物，顛覆普遍對仙草廉價的認知，以 8 小時燉煮的製程、明亮舒適的用餐空間等，精緻化仙草用餐體驗，藉此提升台灣傳統食品價值。

營運心法

1 堅持無添加鹼的熬煮程序，保留仙草天然味道，且口感滑嫩又能回甘。
2 空間舒適明亮，著重餐點擺盤與配色，打造精緻化古早味的食冰體驗。
3 調整品牌定位，重新設計店名 LOGO 扣合產品與市場區隔，並以加盟擴大規模。

2020 年在台北市松山園區附近開設第一間加盟松菸店，秉持八時神仙草「八二法則」，有 80%創始品牌精神、20%分店特色，打造出簡約、文青風格。

精緻化古早味，
營造用餐新體驗

　　回想創業路，藍俊麟苦笑說，「當時真的天天睡廚房！一整天都顧著鍋爐，又滿頭大汗！」八時神仙草是在 2013 年發跡於台中逢甲夜市，起初店名為「神仙草」，從路邊攤開始，邊賣邊調整仙草製法，耗時一年才找到極致口感的熬煮工序，仙草產品在市場的接受度才因而提高。

　　攤位經營至 2015 年，因無法負荷過多人潮，同時也想精緻化顧客的用餐體驗，期望讓顧客了解，吃上一碗仙草不再只能是坐著紅色塑膠椅品嚐，而是可以坐在室內舒服地吹著冷氣，並在明亮與放鬆的氛圍下品嚐仙草。因此，在台中市北區健行路開設創始店面，讓饕客們入店後，能展開一場創新的用餐體驗。

而為了營造用餐新體驗，藍俊麟說，特別著重店內裝潢明亮、舒適度，減少過度裝潢，盡可能地呈現建材的原始樣貌；因仙草顏色較深，餐點擺盤上也非常注重顏色搭配；餐具則是選用具有溫潤感的木質餐盤，以白色陶瓷碗盛裝嫩仙草，搭配小木質碗盛裝芋薯圓等，避免澱粉類配料遇冰轉硬、影響Q嫩口感，透過多方巧思，型塑出天然、無鹼、精緻化古早味的品牌形象。

著重品牌行銷，
以加盟方式拓店

隨著品牌形象設定奏效，創始店經營愈有起色，陸續受到各大媒體邀訪，知名度大開。陳品靜說，「也因為如此，意識到品牌行銷的重要性。」於 2019 年調整品牌定位，同時也調整熬煮方式，並將店名改為八時神仙草。

而在確立店面營運方向為天然、精緻化，並且能提供穩定品質的產品後，即需要設計店名 Logo，以連結品牌核心價值。藍俊麟說，Logo 以山形為主體，宣達產品天然意象，並以綠色代表仙草葉、金色意味做出頂級品質的仙草、黑色則為仙草成品色澤，藉此傳達出店內產品與市場區隔的特性。

櫃檯設計延續品牌價值，盡量呈現建材的原始樣貌，以水泥格磚堆砌而成。

松菸店由於店面空間較小，為了避免動線打結，於門口設置點餐機，以提升點餐效率。

松菸店內主要以淺灰色為主色調，並引入大量自然光，營造出明亮、放鬆的舒適氛圍。

　　當品牌漸成熟後，陳品靜意識到，自身的角色漸從自營者轉為經營者，開始思考員工未來的去路，因此有意以加盟方式擴大品牌規模。藍俊麟補充，若以直營店方式拓店，需要親自培育人才為店長，實為不容易，因此，以加盟方式拓展，兩方以老闆間的角色對談，也能降低角色間的不平衡。

　　藍俊麟進一步分享拓店成果，他說，2019 年調整品牌定位後，隔年在台北市松山文創園區一帶開設第一間加盟店（松菸店），特別請行銷公司增加曝光度，雖逢疫情，但店面營收在幾個月內趨於穩定，今年也將陸續在台中、彰化、台南開設加盟店，在加盟經營上，仍為學習階段，將會持續努力嘗試，依市場環境滾動式調整營運方向。

1 八時神仙草著重擺盤的顏色搭配，以「芋泥嫩仙草盛盤」為例，在深褐色的嫩仙草上，放入淺色的自製綿密的芋泥，與香甜紅豆。
2 以嫩仙草冰磚刨製雪花冰，雪花冰帶有天然的褐色。

品牌經營

品牌名稱	八時神仙草
成立年分	2013 年
成立發源地	台灣台中市
首間冰店所在地	台中市西屯區逢甲夜市
成立資本額	NT.250 萬元
年度營收	夏季、冬季營收差距大，4～11 月營收 NT.65～95 萬；12～3 月營收 NT.35．～55 萬元
國內／海外家數佔比	台灣 6 家
直營／加盟家數佔比	直營 1 家、加盟 5 家
加盟條件／限制	1. 簽一次須為 3 年契約 2. 店面須為自有或租期 5 年以上 3. 加盟夥伴建議 2 位為 45 歲以下資金充足、信用良好、能出資且專職經營者 4. 加盟審核須受訓 2 人以上（含出資人）
加盟金額	NT.99 萬元，含機器設備
加盟福利	含品牌形象與行銷企劃、開店生財器具與技術顧問指導、店點規劃、五金器具、完整教育訓練、裝潢工程

店面營運

店面面積	11 坪（松菸店）
冰品價格	一碗約 NT.149 元
每月銷售額	夏季約 NT.60 萬元
總投資	NT.220 萬元
店租成本	NT.5 萬 8 千元（不含 2 個月押金）
裝修成本	設計裝修 NT.155 萬元、設備費用 NT.65 萬元
人事成本	NT.14 萬元
空間設計	不提供
明星商品	嫩仙草盛盤、嫩仙草雪花盛盤

布局拓點計畫

2013 年	2015 年	2020 年	2021 年
台中逢甲夜市「神仙草」	台中健行創始店	台北松菸店	台中公益店

冰品食材
取勝

春美冰菓室

在辦公室、住宅林立的慶城街周邊，有濃厚的在地生活氣息，「春美冰菓室」開在小巷面公園轉角，純白清新的外觀，讓人倍感親切的店名，彷彿是一家開了很久的店，卻又散發著文青味，讓人很容易接受親近。將傳統冰品做出老少咸宜、也適合用相機捕捉的迷人樣態，是創辦人之一的陳思妤（Tiffany）對從小吃到大的台式甜品的致敬。

改造傳統冰品形象，廣納客群接受度

文青版台式冰店，可以天天吃的傳統美味

（左）季節限定商品草莓牛奶刨冰。 （右）珍珠奶茶冰，淋上奶茶茶香濃郁，搭配黑芝麻奶酪，滋味豐富不甜膩。

文__楊宜倩　攝影__邱于恆　資料暨圖片提供__春美冰菓室

「吃來吃去還是喜歡從小吃到大的古早味，像雙連圓仔湯那樣的店」，Tiffany 分享她對冰品市場的觀察，「台灣這幾年開始風行日式刨冰，傳統台式冰品令人懷念的傳統滋味反而越來越不常見。」於是在投入創業時，她便在一片華麗日式刨冰的冰品市場中，將傳統冰品精緻化，不僅吃得到熟悉的味道，用餐環境也更有質感。

從食物到環境，
將傳統台式冰品精緻化

由於另一半是日式料理主廚，為了投入創業還去上了製作豆漿豆腐的課程，研發出杏仁豆腐的配方。台式刨冰中常見的花生、紅豆、芋頭等配料，看似在熟悉尋常不過，但品質就藏在這些細節裡，如芋頭牛奶冰中所需要用的原料芋頭，供應廠商就換了好幾間，最後決定用產地直送。而芋圓及地瓜圓等材料，原先是自己手作，後來考量人力時間成本，才尋尋覓覓委由專業老牌廠商

春美冰菓室創辦人陳思妤（Tiffany）

Brand Data

春美冰菓室採用美國 SB&B 有機黃豆製作豆漿及豆花、手打杏仁豆腐及自製不加任何香精的杏仁茶、手炒黑糖刨冰糖水，配料用心熬煮，希望讓大家吃到原始材料的原味及古早的好滋味。夏季提供有機手工豆花、豆漿，手打杏仁豆腐及濃郁的杏仁茶、傳統黑糖刨冰以及季節性水果冰品，冬天販售各式熱甜湯。

營運心法

１ 食材產地直送，從選料到製作嚴格自我控管品質，把台式冰品精緻化。
２ 鄰近住宅、辦公商圈，交通便利與面對公園綠意，提高客人回訪頻率。
３ 選料到製作嚴格控管品質，搭配研磨、攪拌設備提高產能。

位在台北南京復興捷運站商圈、鄰近公園綠地的春
美冰菓室，開店 3 年多，已成為台式冰店的新名店。　店面擴大後座位數增加，用餐環境更宜人，以口味
經營在地客群，深獲上班族、學生及鄰居們喜愛。

配合。「有些人認為傳統冰品太讓人熟悉了，反而不需要大費周章的準備或
要求，但消費者是吃得出來的，愈簡單的東西，愈要掌握品質。」

為了控制品質，從選料到製作都不假手他人，廚房裡好幾台研磨、攪拌
設備，幫助提高產能，但關鍵的步驟還是需要人力操作判斷，像是豆漿、杏
仁茶看似簡單尋常，但也唯有日復一日自我要求品質，才能讓客人一試成主
顧。

選點考量客群，
提高回訪再購頻率

春美冰菓室鄰近捷運南京復興站和慶城街商圈，交通便利、人潮眾多，
加上附近辦公大樓及住宅大廈林立，是上班族與住戶活動的區域，除了內用
也看準外送商機，甜品冰品畢竟是點心不是正餐，是吃過飯或下午茶的小點，
但外送平台抽成太高，因此用店內人力外送，真的送不來的單就與快遞公司
配合。

2017 年 8 月剛開店只租現址的左半部，經營的前半年生意仍不穩定，
2018 年 5 月某天本來是電視節目要來採訪，當天卻意外大排長龍，原來是前
一天有網紅在 Instagram 打卡發文，從此打開了知名度，爆紅之後生意越做越
好，剛看到成本回收的曙光，得知隔壁要退租，Tiffany 看著擁擠濕熱的工作

環境，想著因為空間受限，以致於大訂單難以消化，對未來發展的問題已然浮現。「當時真的超級掙扎，生意才剛開始比較好，結果好像又要繼續投入很大一筆資金。」也還好 2018 年 9 月大膽決定擴大店面，不然就沒有與江振誠主廚合作「杏仁豆腐 2.0」的機會。「我們跟著江主廚去三場講座活動，一場就要做出 200 ～ 300 份杏仁豆腐，如果沒有擴店是辦不到的。」2018 年更在春美冰菓室合辦「杏仁豆腐 2.0」的活動，以法式料理的手法改造傳統杏仁豆腐，並採限量發售的方式引發關注與話題。

中央廚房與二店規劃中，
培育訓練幹部

目前除了 Tiffany 與先生，共有 4 名正職員工，分別負責廚房與外場，2020 年 11 月送外場正職員工去上課，就是希望先為二店做培訓店長的準備，由於為了把關品質，在台灣會以直營方式思考展店，海外則不排斥代理或加盟。而內心另外還有「春美之外，日料食堂」的夢想，期盼餐飲創業之路能越走越廣。

合併兩個店面以工型鋼加強結構，加寬通道尺度讓空間更開闊。牆面菜單設計為可抽換式，可依季節更替。

座位區開大面玻璃窗，引入旁邊的公園綠景，空間以白、淺芋色及木質為底，大理石紋桌面和木頭吧檯桌，是拍甜品冰品的絕佳背 景。

①原味手打杏仁豆腐細磨慢煮，嚐得到天然杏仁香。②黑糖刨冰可選 4 種料，共有 20 多種配料可選。③傳統小吃燒麻糬，彈 Q 麻糬被花生粉包裹，搭配熱茶品嚐味蕾大滿足。

品牌經營

品牌名稱	春美冰菓室
成立年分	2017 年
成立發源地	台灣台北市
首間冰店所在地	台北市松山區
成立資本額	NT.150 萬元
年度營收	NT.1,000 萬元
國內／海外家數佔比	台灣 1 家
直營／加盟家數佔比	直營 1 家
加盟條件／限制	無
加盟金額	無
加盟福利	無

店面營運

店面面積	前場約 15 坪，廚房約 12 坪
冰品價格	冰品 NT.80 ～ 150 元，涼甜湯 NT.55 ～ 75 元，杯裝飲品 NT.45 ～ 75 元，暖甜湯（冬季限定）NT.55 ～ 90 元
每月銷售額	夏季 NT.130 萬元／月，冬季 NT.80 萬元／月
總投資	不提供
店租成本	NT.9 萬元／月
裝修成本	設計裝修 NT.70 ～ 80 萬元
人事成本	夏季 NT.40 萬元／月，冬季 NT.30 ～ 35 萬元／月
空間設計	不提供
明星商品	珍珠奶茶冰、黑糖刨冰、芋頭牛奶冰、原味手打杏仁豆腐

布局拓點計畫

2017 年	2018 年
春美冰菓室開幕	原址擴大

Part 2-1

冰品食材取勝

覓糖『黑糖粉粿』

「覓糖『黑糖粉粿』」（以下簡稱覓糖）鄰近台北市南京復興捷運站，秉持品牌「天然、健康」精神，以創新現代元素，傳承台灣傳統歷史人文的滋味，自製手炒的黑糖漿，並研發黑糖、芝麻、玫瑰、抹茶、椰子、桂花現代口味的粉粿，兩者成為店內招牌產品「七彩粉粿」。

堅持手炒黑糖漿開發創意七彩粉粿

傳承古早味價值又具現代創新元素

「黑糖 2 號」剉冰，以編號方式替顧客選出口感最合適的配料，同時也能加速點餐速度。

文＿賴彥竹　攝影＿江建勳　資料提供＿覓糖『黑糖粉粿』

　　覓糖老闆張承康，於 25 歲時承襲父親與友人合夥牛肉麵店，當時即意識到，經營店面須要做出品牌，規模才有可能做大，同時也須做好管理，才不會讓自己的生活被店面「綁住」。2012 年因緣際會聽到朋友的冰品創業過程，因而萌生做冰店的想法，2016 年決定加盟友人傳統剉冰店，學習製作冰品，也一邊經營麵店，但後來愈做愈有心得，2017 年離開友人冰店，2018 年關掉麵店，專心開設覓糖。

　　而在籌備 2 年期間，除了在友人店中學習製作冰品、配料，張承康說，與牛肉麵店時期經營策略最大的不同是，在開店前就著重品牌形象、市場定位、客群，特別砸重本（佔開店成本 1 ／ 2）聘請品牌顧問，討論品牌核心精神、主產品、LOGO、加盟 SOP 等，在討論當中，最有收穫的心得是「品牌不是什麼都賣」，否則會失焦產品的主軸，因此捨去販售豆花，以突出粉粿、黑糖的角色，且特別留意冰店淡旺季差異甚大的狀況，特別著重開發冬季明星商品。

覓糖『黑糖粉粿』老闆張承康，秉持品牌天然、健康精神，堅持手炒扮演冰品重要角色的黑糖漿。

Brand Data

覓糖『黑糖粉粿』於 2018 年成立，店址座落在台北市興安街上，以銅版價親民的價格，秉持天然與健康品牌精神，保留台灣傳統滋味，也加入現代創意元素，店內招牌產品「七彩粉粿」更成為現今年輕人、網美必點甜品。

營運心法

1. 鎖定粉粿、黑糖為冰品主軸，天然山梔子染色與手炒黑糖漿，純天然又健康。
2. 以天然食材染色，製作出創意七彩粉粿，好吃又吸睛。
3. 簡約白、木質與黑色基調，營造和諧清爽的文創質感，提供乾淨明亮的吃冰環境。

覓糖『黑糖粉粿』位在台北市中山區興安街上，鄰近南京復興捷運站，為住商混合商圈，常有鄰里居民、上班族，飯後前來享用甜品。

店內空間以淺灰色、白色、木質元素，創造和諧的文創質感，給人乾淨、清爽、明亮的用餐感受。

不添加人工加劑，
秉持天然健康精神

覓糖「天然、健康」的品牌精神，也顯現在原物料上。張承康說，剉冰最重要的角色是糖水，在尋找原物料時，發現市面上糖水多為白砂糖、二砂糖，但既然要吃糖，不如就吃富含鐵質、礦物質等的黑糖，但又發現市售黑糖漿大多添加香精、防腐劑、人工色素，成分顯然與品牌核心精神「天然、健康」衝突，因此決議購入原料，自己手炒黑糖漿。

也因體認「尋覓黑糖」的過程非常可貴，張承康才延用在店名上，命名為「覓糖」，同時也更清楚品牌定位的方向，堅持天然手工炒製的黑糖漿。店內另一核心產品粉粿，也同樣秉持品牌精神，在製作過程中，承襲古法，以 4 比 1 的比例調製番薯粉、水，再加入天然色素山梔子，製作出黃色透亮又 Q 彈的粉粿。

張承康說，粉粿對於自己來說，是兒時珍貴的滋味，現今愈少人將粉粿作為點心的主角，大多出現在剉冰或冰棒中的配料，同時也認為身為 6 年級生，需肩負起「保存味道」的使命，透過「粉粿」保存兒時年代的歷史與人文價值，但也意識到須加入現代元素，吸引年輕人嘗鮮。

觀察市場趨勢，
以創意七彩古早味吸睛

　　而為了抓住年輕一代口味，張承康說，觀察到年輕人注重餐點好吃外，也非常在意賣相風格、用餐空間感受，因此開始思考，「傳統的粉粿能以什麼方式呈現？」靈機一動，想到用顏色呈現，研發七彩粉粿，同樣以天然食材染色，製作出黑糖、芝麻、玫瑰、抹茶、椰子、桂花的口味，其中玫瑰、瑰花還加入碎花瓣，入口後能吃到淡淡的花香。

　　在用餐空間氛圍方面，以黑、淺灰、木質為主色系，牆面以大量淺灰色石紋、木質感呈現，櫃檯則貼上傳統「灶咖」的白色磁磚，上方掛著日式風格的麻布 Logo 點綴，桌椅也是以白色、木質、黑色與空間呼應，調和出和諧的文創質感，給人乾淨、清爽、明亮的用餐氛圍。

　　當談及擴點計畫，張承康說，2018 年開店至今，2020 年曾在台北車站商圈開設開封直營店，但因為適逢疫情影響，觀光客銳減，且開封店租較高，遂於去年年底忍痛決定停損出場，暫時歇業，待排除疫情影響後，有機會再朝向開發國際市場能見度，讓更多人有機會品嚐覓糖傳承古早味的粉粿，以及創新「黑鑽」的精粹價值。

店內牆面有醒目的 LOGO，
LOGO 特別在黑糖塊中放入店
名，並打上淡淡的彩色燈光，
讓 LOGO 與店內主產品順勢
連結。

店內點餐模式善用科技便利，顧客入座後於桌面上掃描 QRcode，即可於線上點餐或刷卡，也可於櫃檯旁的自助付費機，以各種支付方式結帳。

① 店內除了販售古早味黑糖剉冰，也提供「OREO 黑糖雪花冰」，讓古早味黑糖與現代 OREO 迸出新滋味，同時也看中手搖市場，推出鮮奶與黑糖粉粿的「嘿！乳粿」。② 為了減少冰品店淡、旺季的差距，注重開發冬季明星商品，「紅豆粉粿湯」是冬季粉粿控必點的品項。。

品牌經營

品牌名稱	覓糖『黑糖粉粿』
成立年分	2018 年
成立發源地	台灣台北市
首間冰店所在地	台北市中山區
成立資本額	NT.200 萬元
年度營收	不提供
國內／海外家數佔比	台灣 1 家
直營／加盟家數佔比	直營 1 家
加盟條件／限制	無
加盟金額	無
加盟福利	無

店面營運

店面面積	25 坪
冰品價格	1 碗約 NT.55 ～ 75 元
每月銷售額	不提供
總投資	NT.250 萬元
店租成本	NT.5 萬 5 千元（不含押金）
裝修成本	裝修 NT.60 萬元、設備費用 NT.30 萬元
人事成本	NT.9 萬元
空間設計	不提供
明星商品	七彩粉粿、黑糖系列剉冰

布局拓點計畫

2018 年	2020 年
覓糖『黑糖粉粿』開幕	台北開封店（已歇業）

Part 2-1

冰品食材取勝

全台第一間天天提供開心果冰淇淋的工坊

堅持食材天然原味、自行烘焙調醬

綠皮開心果 Pistacchio

提到開心果冰淇淋，就不能不提到台南必吃的「綠皮開心果 Pistacchio」（以下簡稱綠皮開心果），主打天天提供開心果口味的義式冰淇淋，在創辦人曾雯媄憑藉對味覺的敏銳，一路走來堅持保留食材天然原味為口味調製，持續投資設備與鑽研開發各式口味，就是要讓大家吃到紮實富有層次的義式冰淇淋。

期間限定的「令和之味」，是曾雯媄利用檸檬的清新，添加些許日本清酒所調製的獨創口味。
圖片提供＿＿綠皮開心果

文＿＿許嘉芬　攝影＿＿曾信耀　資料暨部分圖片提供＿＿綠皮開心果 Pistacchio

原本是上班族的曾雯娸，年輕時懷抱創業夢想，加上從小就愛吃冰，當時便很明確決定要做冰淇淋。毫無經驗的情況下，她跟著師傅從頭學起、上網找資料做功課，花了兩年左右時間到處看展熟悉冰品市場，也全台跑透透吃遍冰淇淋店做調查，清楚紀錄每一間店的口感、食材特性等等。曾雯娸觀察，台灣冰淇淋創業多半是買設備附屬課程、綁原料，她自己味覺敏銳也愛吃，希望可以自行研發配方，才能做出差異化的競爭。

自行進口原物料，
主打天天都有開心果義式冰淇淋

既然要做義式冰淇淋，曾雯娸打出的第一張牌就是做出最能代表義式冰淇淋的開心果口味，品牌名即取名「綠皮開心果」，直接點出冰品特色，強化大眾端的記憶。為了保障開心果原料的供應，她和其他股東決議自行進口開心果，少了貨源的問題，她們更主打一年 365 天、天天都能吃到開心果冰淇淋，這也是現階段義式冰品店家較難突破的地方。其次，曾雯娸有感於坊間冰淇淋店考量成本，即便買了很貴的設備，卻用便宜原料或現成醬料做出產品，然而冰品的根本是食材，所以綠皮開心果創立 6 年多來，她堅持只用鮮奶、且全然不添加一滴水，其他口味開發也延續無添加、接近自然的精神，譬如她曾選用番紅花為研發，也推出許多酒類冰淇淋，奶香

Brand Data

為台灣第一家專門天天提供開心果冰淇淋的工坊，引進西西里島、中東所生產之開心果仁，自行烘焙製醬，富含不飽和油脂與香氣的堅果，透過空氣與降溫的混合比，冰封食材新鮮的原味，創造出味蕾的層次感。

營運心法

1 自行進口開心果原料，主打一年 365 天都能提供開心果冰淇淋。

2 捨棄添加劑，萃取天然食材與開發酒類冰淇淋，獨特口味吸引大眾。

3 進駐百貨做快閃店型，忠實呈現手工、工坊概念，打開品牌行銷力與名氣。

盈滿綠意的中庭天井，讓客人放慢步調、好好在寧
靜的氛圍下品嚐冰淇淋的口感、味道。

太妃糖、泥煤威士忌……等，甚至吸引台啤邀約以 18 生啤酒開發冰淇淋。回憶這段
過程，曾雯媜微笑著說，開發口味並不難，最難的是捨棄添加劑、又要讓冰淇淋品
質穩定，吃起來還得口齒留香，但只要吃過綠皮開心果的義式冰淇淋，客人的回購
率、黏著度都很高。

簡約富層次空間設計，
扣合冰品主軸

　　扣合到店面的空間設計，綠皮開心果執行長 James 與負責規劃的 OH DEAR
STUDIO 設計師陳維綱討論後，汲取開心果的特色：食材簡單但香氣特殊且富有層
次，所以在綠皮開心果只有白色、木頭與水泥灰，站在入口就可以透視至最深處，

綠皮開心果 Pistacchio 位於台南孔廟對面的府中街巷內，簡約純白色調將主軸回歸至產品本質。

站在店面入口處即可望見天井中庭，視覺的穿透力加上豐富的空間層次正如同義式冰淇淋，簡單富有內涵。考量空間尺度有限，以長凳、椅凳形式提供內用。

中間則是以天井串聯前後場域，建築層次如同義式冰淇淋，簡單卻充滿內涵，希望客人們可以在短短幾分鐘的時間內，在寧靜、悠閒的氛圍下慢慢品嚐感受，也由於看重冰淇淋最根本的食材，有別於多數義式冰淇淋提供口味混搭，綠皮開心果則堅定地一如創業初始，「1支冰淇淋僅限1種口味，就好比宮保雞丁不可能混合蔥爆牛肉去炒，希望客人可以品嚐到單一口味的食材原貌。」James 表示。

快閃店型擴展品牌行銷力

為了擴散品牌行銷力，綠皮開心果從2019 年開始，也進駐百貨做快閃店型，然而其實這對品牌而言，都是不計成本的付出，「我們希望能忠實呈現手工、工坊的現做概念，所以只要一個區域需要做快閃，就得重新買一組完整設備。」James 感嘆的說，綠皮賺來的錢幾乎又再度投資在這些設備上，且設備成本相對比一般刨冰機高，這點是未來也想朝創立冰淇淋品牌的投入者必須考量的。而在於產品的未來發展上，綠皮開心果一步一步走來也慢慢開拓其他甜點類型，如提拉米蘇、牛軋糖，但研發主軸仍不脫離回歸食材本質，讓既有冰品發展上才不受季節影響、彼此互補。

綠皮開心果走的是冰淇淋工坊概念,開放式廚房的生產,讓顧客一覽無遺,每天一定都能吃到開心果口味。

綠皮開心果的冰淇淋使用訂製冰鏟挖取,隨性堆砌的方式表現真材實料、紮實的感覺。

綠皮開心果 Pistacchio 的品牌設計,擷取品牌的第一個 P,拉長線條則是回應至挖取冰淇淋的冰鏟,配上兩個點圖騰,亦有微笑開心之意。

品牌經營

品牌名稱	綠皮開心果 Pistacchio
成立年分	2014 年
成立發源地	台灣台南市
首間冰店所在地	台南市中西區
成立資本額	約 NT.600 萬元
年度營收	不提供
國內／海外家數佔比	台灣 1 家
直營／加盟家數佔比	直營 1 家
加盟條件／限制	無
加盟金額	無
加盟福利	無

店面營運

店面面積	13 坪
冰品價格	1 支約 NT.100 ～ 150 元
每月銷售額	不提供
總投資	NT.300 萬元
店租成本	不提供
裝修成本	設計裝修 NT.180 萬元、設備費用 NT.200 萬元
人事成本	NT.8 ～ 10 萬元
空間設計	OH DEAR STUDIO
明星商品	開心果、蘭姆葡萄

布局拓點計畫

2011 年	2014 年
學習義式冰淇淋製作	成立綠皮開心果

Part
2-1

冰品食材
取勝

小亀有／ kaki gori 店

從小就打定主意長大要開傳統冰店的阿莊，自求學期間便到處打工學習古早味冰品的製作與經營，後來卻因為經常前往日本旅行而愛上日式甜品，兒時的夢想轉身變為日式冰品店「小亀有／ kaki gori 店」（以下簡稱小亀有），在故鄉宜蘭供應著對日本風味的嚮往。

探索抹茶深邃而多樣的舌尖印象
在鄉村空間中描繪老京都的味覺風貌

碗底置入自製的三溫糖紅豆、寒天凍、仙草凍與純米白玉後，加入刨冰並塑型至中段，淋上一層抹茶蜜與煉乳後再繼續刨冰和塑型，最後淋上抹茶蜜與紅豆醬各半。

文＿楊舒婷　攝影＿江建勳　資料提供＿小亀有／ kaki gori 店

阿莊的母親是台南人，舅舅是台糖的冰淇淋師傅，每次隨媽媽回外婆家總有冰吃。他最喜歡加了一小勺紅豆的香蕉冰，吃進嘴裡化成歡快的童年回憶，「長大後要開冰店」也成為他從小懷抱的夢想。為了實現夢想，阿莊在大學念日文系時，就開始進入知名的豆花店、果汁店或連鎖甜品店打工，學習店家製冰、做甜點的技術和經營方式。在他的成長過程中，台灣的冰品店仍以傳統刨冰、芋冰類為主，因此他夢想中的冰店也走傳統路線。

開店讓夢想和旅行的回憶結合

但自從念了日文系並頻繁前往日本旅行之後，他開始喜歡上日式甜品；加上大學室友在京都，更增加他造訪京都和奈良的頻率，在當地隨處可見的抹茶甜點與冰品、沾裹黃豆粉的蕨餅、醬油丸子等，他也漸漸吃出了興趣和心得。因此，當阿莊準備要開店時，他想在店裡賣的是日式刨冰和甜點。「開店如果能賣自己喜歡的東西應該很不錯，而且每天賣著日式刨冰，會讓我經常想起旅行時的美好，工作的心情也會完全不同。」

讓旅行中的甜美回憶在店裡重現，成為小龜有菜單的基礎定調。至於店名的由來，阿莊希望既能讓人聯想到日式刨冰，又能與宜蘭在地印象連結，而龜有原是日本地名，龜山島則是眾所周知的宜蘭地標，因此將店名命為小龜有，希望將來大家提到這家店時，能立即浮現「是那家在宜蘭賣日式刨冰的」小店印象。

Brand Data

開店初期以日式刨冰為打主商品，後來陸續增加以抹茶為主調的日式甜點，如抹茶凍、抹茶冰淇淋、抹茶牛乳等，朝抹茶甜點專賣店轉型，期待透過不同類型的冰品和甜點，讓消費者享受到抹茶細膩的層次和風味。

營運心法

1️⃣ 講究抹茶風味等級，根據不同冰品、甜點做出合適的口味搭配。
2️⃣ 塑型時避免壓得太密實，維持刨冰鬆軟、綿密的口感。
3️⃣ 專注於研發抹茶風味，加入抹茶為主調的日式甜點。

從日本帶回來的玩具、雜貨和雜誌堆疊出小龜有特有的空間氛圍，有時也會成為與消費者互動的話題。

小本經營但講究抹茶風味等級

剛創業時，店裡販售的品項較少，以日式抹茶刨冰為主。但由於持續前往日本旅行，且開店後的行程規劃以觀摩甜品店為主，同時勤跑書店帶回不少專業食譜，因此菜單陸續增加日式甜點的品項，其中又以抹茶類居多，這也讓阿莊特別重視抹茶粉的選擇。

阿莊表示，市面上知名的抹茶粉品牌眾多，他選用小山園，一來是日本很常吃到，在台灣也容易買到；二來則是以商用抹茶粉來說，小山園的等級劃分較為細緻，每個等級所呈現的香、甘、苦、澀都有顯著差異，這讓他很容易針對冰品、甜點的特性，找到合味的抹茶粉。

以店裡的產品為例，小山園的「龍膽」味道濃烈，適合用來做冰淇淋；刨冰以「綠樹」為基底，再添加其他等級提味；抹茶凍使用的是「青嵐」，屬高單價的抹茶；而小山園烘焙等級中最高等級的「五十鈴」，則是以手刷薄茶來供應。「店開得愈久，愈希望在抹茶的風味上有更好的表現，但抹茶粉的味道和價格有絕對關係，這是一翻兩瞪眼的事。」阿莊笑著說。

在刨冰機的使用上，由於小龜有開店初期以日式刨冰為主打商品，阿莊在日本旅行時便順路扛了一台初雪的刨冰機回台灣。為了維持刨冰鬆軟、綿密的適口性，阿莊在塑型時會避免將刨冰壓得太實，以免口感變得硬而結實；配料多半前一天煮好備用，因此開店前一小時到店準備即可。

鬧中取靜營造悠閒鄉下氛圍

小龜有位於宜蘭市中心一個僻靜的角落，雖然離火車站很近，卻絲毫感受不到周邊的商業氣息。阿莊說原本就想把店開在安靜、舒服的地段，而現址位於康樂路上，據當地人的說法，這是一條位於市中心卻很容易被遺忘的馬路，路上原有日式老屋改建的名店「賣捌所」（現已停業），還有一家傳統的老式洗衣店，這讓阿莊覺得整個街區很有自己的味道，於是選擇在這裡創業。

經常有客人向阿莊出價購買玩具公仔，店裡的擺設也因此經常會有些變動，但因應疫情無法出國補貨，目前除了生活雜貨外暫不出售店內擺設。

　　剛開始店裡其實很空，沒有那麼多討喜的玩具公仔和雜貨，但隨著開店後更頻繁地前往日本，只要看到適合擺在店裡裝飾的小物就一直買，再加上京都的古物市集好逛又好買，店裡的擺設也就跟著愈來愈多。後來東西買到有點過頭，沒時間整理只好先堆在店裡，但這幾年整理下來，也慢慢長出了這家店獨有的風格。

　　阿莊希望店內空間能藉由這些雜貨小物妝點出鄉村感，讓放假遠離都市來到宜蘭的消費者，能在輕鬆的氛圍裡自在享受冰品和甜點，渡過一小段療癒的時光，然後再接著往下一個行程出發。

①甜湯「京都濃抹茶」，杯底置入豆腐奶酪再裝填紫米粥，杯面覆以甘而不膩且略帶空氣感的濃抹茶 ESPUMA 淋醬，再加上一球苦味豐醇的自製抹茶冰淇淋；抹茶滋味甘苦交融，與軟綿的奶酪、滑順的紫米粥交織出豐盈口感。②「京都黑蜜黃豆粉刨冰」特別選用京都老店經過重烘焙的黃豆粉，不像台灣淺焙型的黃豆粉吃起來像麵茶，香味更沉穩；外層淋醬有黑糖蜜、煉乳和黃豆粉醬，再擠上一層鮮奶慕斯、點綴黃豆粉，看似層層堆疊，口感卻意外清爽。

品牌經營

品牌名稱	小龜有
成立年分	2017 年
成立發源地	台灣宜蘭
首間冰店所在地	宜蘭縣宜蘭市
成立資本額	約 NT.20 萬元
年度營收	不提供
國內／海外家數佔比	台灣 1 家
直營／加盟家數佔比	直營 1 家
加盟條件／限制	無
加盟金額	無
加盟福利	無

店面營運

店面面積	27 坪
冰品價格	冰甜點約 NT.150 ～ 180 元
每月銷售額	不提供
總投資	不提供
店租成本	NT.1 萬 6 千元
裝修成本	設計裝修 NT.30 萬元、設備費用 NT.15 萬元
人事成本	NT.9 萬元
空間設計	無
明星商品	島鹽宇治金冰、京都豆粉蕨餅、抹茶紫米粥

布局拓點計畫

2017 年

創立小龜有

Part
2-1

冰品食材
取勝

小林冰堂　咖啡甜品屋

開咖啡店原是林家旭退休後想做的事，但就在打算轉換職場但還沒想好下一步的時候，太太的一句話提早實現了開店的可能性；而店內招牌的義式冰淇淋，融入林家旭童年的幸福回憶，也成為夫妻倆最想複製並傳遞給消費者的食味記憶。

像回外婆家享受吃冰的輕鬆自在
用義式冰淇淋為夏季帶來幸福感

玫瑰覆盆子、比利時巧克力義式冰淇淋。玫瑰與覆盆子融合後散發優雅香氣，微微的果酸更是清爽解膩；比利時巧克力濃郁但不厚重且甜度適中，夏天多吃一球也不覺得負擔太重。

文＿楊舒婷　攝影＿江建勳　資料提供＿小林冰堂

林家旭原本從事隱形眼鏡的業務工作，因為市場改變決定轉換跑道，但對下一份工作卻一直沒有定案，直到太太蔡宜君問起：「將來退休後想做些什麼事？」當時他想到的是開咖啡店，過著煮咖啡給客人品嚐的生活，於是夫妻倆開始思考開店的可能，並廣邀朋友提供意見，後來便有了「小林冰堂」。

剛開始以供應咖啡、冰品和蛋糕為主。「會賣冰是因為想起小時候，每到夏天爸爸都會去大賣場買家庭號的冰淇淋桶回家，晚餐後全家圍著冰桶席地而坐，對我來說，那是很幸福的童年回憶。」林家旭也想把這種簡單的幸福快樂，透過賣冰來傳遞。

冰品原有霜淇淋和義式冰淇淋兩種，但隨著連鎖超商開始賣起平價霜淇淋，且不定時推出新口味吸引消費者目光，壓縮了店內霜淇淋的銷售量，因此小林冰堂決定增加義式冰淇淋的選項，並些微調整售價，藉此了解哪種冰品在宜蘭的接受度較佳。

2016 年，宜蘭女婿林家旭隨太太蔡宜君返鄉創立小林冰堂

Brand Data

由林家旭和太太蔡宜君共同經營，主打商品為義式冰淇淋和甜湯。義式冰淇淋以四季盛產的新鮮果物和天然食材為原料，甜湯則以紫米紅豆粥、薏仁湯為主，配料如山藥泥、蜜紅豆、蜜芋頭、桂花凍、抹茶與白玉丸子等多為自製，店裡也供應咖啡飲品及蛋糕。

營運心法

1 測試水果品種，讓冰淇淋能獲得最佳風味與層次。
2 熱甜湯著重口感與食材新鮮搭配，做出市場區隔。
3 用生活老件讓客人來吃冰就像回家一樣輕鬆自在。

大片玻璃為室內帶來極佳的採光，白天不用開大燈也有明亮的清爽感。

外婆家的空間寬敞、可拉出桌距，讓人與人之間的距離保有點餘裕，也營造出舒適、放鬆的氛圍。

不斷測試品種找到冰品最佳口感

　　經過八個月的消費測試發現，約八到九成的客人最後都會選義式冰淇淋。林家旭指出，店內銷售的霜淇淋定價為 70 ～ 90 元，義式冰淇淋一球 60 元、兩球 90 元，相近的價位可以吃到兩種口味，是義式冰淇淋勝出的關鍵。由於小林冰堂皆以當季鮮果和天然食材製造冰品，在食材的處理上較為費工，經評估後決定專心生產義式冰淇淋。「我們希望客人吃冰淇淋的時候能吃到食材本味，就像吃到水果一樣。」為了這個信念，夫妻倆不斷測試水果種類與品種，企圖找到自己認為最好的口感呈現給消費者。

　　林家旭認為，大部分的水果都可以做成義式冰淇淋，但找到對的品種更為重要。以鳳梨為例，關廟鳳梨雖然甜度高，但風味單一，做成冰淇淋後口感層次較無法突顯鳳梨香氣，所以帶點酸的台農 17 號金鑽鳳梨，會比台農 21 號關廟鳳梨更適合做成冰品。但他又更愛透過熟識的水果商買進南部沿海小規模種植的台農 17 號金鑽鳳梨，果肉帶有一點梅子香氣又略帶鹹味，做成冰品後風味與層次絕佳。

　　選用天然食材的堅持和不斷嘗試品種的用心，讓小林冰堂的義式冰淇淋在客人的口碑宣傳下，養出不少忠實顧客和慕名而來的消費者。然而宜蘭冬季濕冷的氣候型態，大幅降低人們外出的意願，連帶也影響了營收，於是他們又積極研發冬季熱甜品增加來客率。

熱甜湯著重口感升級與食材新鮮配搭

為了做出市場區隔，決定先從薏仁湯下手。林家旭坦言很不喜歡吃薏仁，因為薏仁帶芯的口感偏硬，不管怎麼煮都覺得不好吃，後來終於找到能在保有薏仁口感和營養價值的前提下，願意協助將其去芯的廠商，這才陸續研發出相關甜品。後來又遇上客人詢問是否還有別種甜湯可選，也因此催生了紫米紅豆甜湯系列。小林冰堂在紫米紅豆甜湯裡多加了黑米，黑米所含的抗氧化物質「花青素」含量比紫米高，多吃一點對身體會有幫助。

而紫米紅豆甜湯系列最特別的口味是「山藥桂花紫米紅豆」。山藥和紫米紅豆並非常見的組合，靈感來自於林家旭以前曾在中餐廳工作，沒想到蒸熟的山藥泥、桂花蜜和紫米紅豆意外契合，推出後甚至獲選第一屆「宜蘭勁好 TOP10 好食 好物 好所在」，成為小林冰堂在冰品之外的招牌。

推出甜湯原本是為了彌補冬季冰品市場的缺口，沒想到逐年累積出不少女性客群，即便在夏季，甜湯和冰品的銷售比例也有五五波，夏季甜湯還可隨客人心意做成冰的或熱的，選擇上更有彈性。

外婆家的生活老件營造回家氛圍

由於太太是宜蘭人，林家旭陪太太回娘家時，曾一起造訪羅東林場，他特別喜

吧檯位置原是外婆的臥室，如今成為夫妻倆製作冰品甜湯的核心區域。

店內提供空間讓創業青年展示作品,現有盆栽、海藻燈、明信片和海棠玻璃托盤等物件,可直接銷售。

歡那裡開闊而幽靜的自然氛圍,也因此創業店址特別選在林場附近,希望消費者可以帶上他們家的咖啡或冰淇淋,走進林場享受悠閒的散步時光。

蔡宜君表示,外婆過世後,他們決定善用老屋寬敞的空間,並最大程度保留外婆昔日生活的物件,或讓老家俱以新的方式重生,例如將舊門板改成桌面、窗框組成桌腳,以及使用舊櫥櫃的抽屜做成置物盒等;希望透過老件的鋪陳,讓客人覺得來到小林冰堂就像回家一樣輕鬆自在。

①去芯薏仁吃起來有嚼勁但不費力,能細細咀嚼出穀物甘味;甜湯皆以無漂白的紅冰糖慢慢熬煮,湯汁釋出古早味甜香,加入抹茶冰淇淋為清淡的湯底增添些微苦醇,「若竹抹茶冰淇淋薏仁」的風味厚度也跟著提升。②「山藥桂花紫米紅豆」只以日本北海道產的山藥蒸熟製作,因為口感最為綿密滑順;除了淋上桂花蜜也撒上乾燥桂花,猶如在紫米紅豆粥上點綴金箔;配料抹茶丸子和桂花凍皆為自製。③水果美顏飲以自製糖漬鳳梨果醬為基底和甜味來源,燉煮桃膠、皂角米、雪燕和白木耳,再加入覆盆子、杏桃丁、柳橙汁和檸檬汁調味,濃縮成一壺果香淡雅、滋味飽滿滑潤的美顏飲品;果物的自然色澤交融,於視覺上也是一大享受。

品牌經營

品牌名稱	小林冰堂
成立年分	2016 年
成立發源地	台灣宜蘭
首間冰店所在地	宜蘭羅東
成立資本額	約 NT.300 萬元
年度營收	不提供
國內／海外家數佔比	台灣 1 家
直營／加盟家數佔比	直營 1 家
加盟條件／限制	無
加盟金額	無
加盟福利	無

店面營運

店面面積	25 坪
冰品價格	一份約 NT.60 ～ 170 元
每月銷售額	不提供
總投資	NT.300 萬元
店租成本	無
裝修成本	設計裝修 NT.70 ～ 80 萬元、設備費用 NT.120 ～ 150 萬元
人事成本	NT.6 萬元
空間設計	無
明星商品	義式冰淇淋、山藥桂花紫米紅豆、手沖咖啡單品

布局拓點計畫

2016 年	2021 年
創立小林冰堂	遷至新址

顏值商品
取勝

Deux Doux Crèmerie, Pâtisserie & Café

在甜點冰品界小有名氣的主廚陳謙璿（Willson），暨首間冰淇淋店「Double V」求新求變的各式創意口味過後，這次更推出以法式甜點為概念重新詮釋冰品的 Deux Doux Crèmerie, Pâtisserie & Café（以下簡稱 Deux Doux），堆疊出具層次的味覺，視覺擺盤更跳脫大眾對於冰品的想像，推衍生一種嶄新的冰甜點型態。

講究口感層次堆疊與拆解重組法式甜點冰品化

從視覺到味覺，雙倍加乘的冰甜點品嚐體驗

陳謙璿以其法式甜點的研發背景，將幾款世界級甜品重新以冰拆解、重組詮釋，其中提拉米蘇選用 Simple Kaffa 咖啡做成冰淇淋，搭配馬斯卡彭乳酪冰淇淋，最上層再點綴咖啡酒浸過的餅乾。頗受歡迎的冰甜點－檸檬塔，以橄欖油冰淇淋、香柚雪酪、檸檬奶餡冰淇淋、鬆甜焦化蛋白餅等重現，食材口味與層次表現極為出色，冰品堆疊與擺盤也如同法式甜點般的精緻高雅。

文＿許嘉芬　攝影＿沈仲達　資料暨部分圖片提供＿陳謙璿

暨總是讓人充滿驚喜期待的 Double V 首間冰店，陳謙璿再度開了第二間冰店 Deux Doux，甫開幕不久即有一群忠實冰友慕名前往，原因就在於 Double V 真材實料又創意無限的冰品口味博得人心，有別於 Double V 屬於基礎入門的冰淇淋，經過 4 年多的創作想法與能量，再加上骨子裡求新求變的特質，這回陳謙璿更將法式甜點研發背景徹底發揮，推出一種全新的冰甜點型態，讓甜點冰淇淋化、冰淇淋甜點化，包含冰品擺盤也如同法式甜點般優雅、精緻，顛覆消費大眾對於冰的品嚐體驗。

回歸冰的本質，
做出獨樹一格的 Deux Doux 帕菲杯

打開 Deux Doux 的菜單，主要包含三大類冰品：Parfait（帕菲）、冰甜點、Affgato，其中冰甜點的概念是將大眾耳熟能詳的世界甜點，以各種冰為主體，透過拆解、重組的概念重新做出詮釋，譬如：提拉米蘇、檸檬塔、紅酒燉洋梨、蒙布朗。對於近期盛行的帕菲杯，陳謙璿更是絞盡腦汁，他觀察坊間或是日本

Deux Doux 品牌創辦人陳謙璿，從法式甜點的精神與工藝為出發，將甜點冰淇淋化、冰淇淋甜點化的樣貌作為呈現。

Brand Data

Deux Doux Crèmerie, Pâtisserie & Café 與 DOUBLE V 為姊妹店，以 Parfait 和冰甜點為主力，從法式甜點的精神及工藝出發，探索世界及在地食材，將冰品的口感、香氣及層次在此爭豔鳴放，並且交織和諧。

營運心法

1 用法式甜點的精神將甜點冰淇淋化、冰淇淋甜點化，讓冰品富有創新與創意。
2 數種冰淇淋搭配糖片、穀物、水果切塊，打造富有視覺與味覺層次，且獨一無二的帕菲杯。
3 以白色為主體，輔以老件歷史感與木質基調，勾勒溫暖的歐洲小館氛圍。

鄰近慶城商圈的 Deux Doux，選擇白色作為整體視覺的主色調，可冷可暖的特性，正如同冰淇淋給人最直覺的聯想。

Deux Doux 選擇使用正統義式冰淇淋圓筒櫃，溫度一直維持在負 12 度，然而在此溫度下，每一種冰淇淋又必須呈現柔軟的狀態，其中包含對食材成分的理解才能製作而成。

的帕菲杯基本組成大致上是水果、果凍，最後再搭配一球冰淇淋、鮮奶油，原本他也是朝這個方向設計研發，但準備了 1 ～ 2 個月卻隨之推翻。「多數帕菲杯都在標榜水果，在於日本當地或許足以成立，但台灣是水果王國，水果店能拿到的水果品質甚至還更好。」陳謙璿說道。

　　因此他重新回歸到 Deux Doux 身為冰淇淋店的本質，以及過往豐富的冰品研發經驗，設計出一杯高達 4 種冰淇淋的帕菲杯，以採訪季節所推出的「葡萄葡萄」為例，更是具備 5 種冰淇淋口味：巨峰葡萄雪酪、紫蘇葡萄鑽石冰、希臘優格冰淇淋、夏多內葡萄酒醋雪酪、香草冰淇淋，每種冰淇淋、雪酪製作搭配各有巧思，希臘優格口感濃郁、香草冰淇淋可中和百搭其他味道，鑽石冰則是用器皿刮出細碎狀態，帶皮的巨峰葡萄則偷偷加了一些藍莓，讓顏色更漂亮，同時必須於零下 12 度的冰桶內依舊維持 Q 軟狀態，才能拉出高高的錐狀造型，最後搭配用葡萄果泥烤過的糖片，創作出一杯具有兼具豐富視覺與味覺層次的帕菲，也讓人一眼就知道這是屬於 Deux Doux 的帕菲。毫無範本參考可言，每種食材冰品的味道與搭配性，全都出自陳謙璿原創，困難點更包括每一種冰品、食材的前置到完成，完全靠他與夥伴們手作，連

Deux Doux 擺設從各地搜羅的台法老件傢具，透過歷史感為空間注入溫潤的表情，店內也會不定期更換植栽花藝佈置，希望能傳遞出如同歐洲家庭般的溫馨氛圍。

一點半成品都沒有，好比燕麥脆粒要先經過翻炒、口味上會更清爽一些，櫻桃切塊加了酒漬處理可帶有淡淡甜香酒味，而夥伴們也都非常了解這些過程，於吧檯製作、上桌時都能清楚向顧客介紹，傳遞 Deux Doux 冰品的設計想法。

從擺盤到器皿選用、空間氛圍，提升食冰的層次

不論是冰甜點或是帕菲杯也會隨季節變化品項，像是夏天會換上烏龍桃桃帕菲和檸檬塔這類清爽口感，陳謙璿希望能引導讓顧客知道，冰同樣有季節性。光是 Deux Doux 或是 Double V 選用的香草就包含 3 種，隨冷熱氣候有所差異，冬天使用的香草油脂甜度相對較高，吃起來較厚重舒服、而不會太冰冷。另外在於水果挑選上，陳謙璿在意的更是穩定，所以當其他甜點店、冰店主打草莓冰品時，Deux Doux 菜單上還未見草莓品

項，「草莓初期產量既不穩又偏酸，一直到 2 月底 3 月左右才會最好吃最甜，我希望可以讓顧客每次來吃到的品質落差不會太大，」陳謙璿解釋道。

從品牌冰品定位與開發，以至於空間氛圍、器皿陳設的規劃上，陳謙璿也與設計團隊耗費不少心力，不同於 Double V 著重純外帶的商業行為，Deux Doux 全然的內用形式，小至菜單設計、燈光、大至傢具物件都得細細琢磨，比方從各地搜羅的台法老件木傢具，圓桌之外特意搭了一張 3 米長木桌，牆面上隨性懸掛著籐籃、圍裙與乾燥花，營造出共享、輕鬆的家庭感，老件歷史感與木質基調也希望在白色框架中注入溫潤、溫馨的氛圍，所以客席區座位燈光刻意略為昏黃些，與此作出呼應，工作吧檯燈光則集中聚焦在製作區域內，強化主廚、副主廚精彩的冰品創作舞台演出。

看待 Deux Doux 的品牌發展，陳謙璿認為短期階段仍以冰品開發為主，輔以外帶型小西點、甜點伴手禮盒等設計，慢慢拓展品牌的產品力，也期許能有更多喜愛冰淇淋的創業者共同加入冰品領域，品牌彼此間的串聯合作推廣，才有助於冰淇淋的發展。

1 Deux Doux 的帕菲杯「葡萄葡萄」，光是冰淇淋、雪酪就高達 6 種，堆疊之間所搭配的食材口感也十分講究，像是炒過的焦糖燕麥，品嚐起來更為清爽無負擔，最高的艷紫糖片則是葡萄果泥烤製而成，也因為對食材的掌握度極佳，以巨峰葡萄拉起的冰淇淋才能如此具柔軟。2 考量 Deux Doux 冰品為內用型，現階段備有珍珠泡芙、達克瓦茲等西點供外帶，日後也會推出冰淇淋蛋糕供訂購，品牌本質上仍以冰為主軸，建立專業冰品製作的職人印象。

品牌經營

品牌名稱	Deux Doux Crèmerie, Pâtisserie & Café
成立年分	2020 年
成立發源地	台灣台北市
首間冰店所在地	台北市松山區
成立資本額	約 NT.200 萬元
年度營收	約 NT.400 萬元
國內／海外家數佔比	台灣 1 家
直營／加盟家數佔比	直營 2 家（姊妹店 Double V）
加盟條件／限制	不開放
加盟金額	無
加盟福利	無

店面營運

店面面積	13 坪
冰品價格	冰甜點約 NT.280 ～ 300 元、帕菲 NT.300 元
每月銷售額	約 NT.30 萬元
總投資	約 NT.200 萬元
店租成本	NT.15 萬元
裝修成本	設計裝修 NT.100 萬元、設備費用 NT.50 萬元
人事成本	NT.9 萬元
空間設計	果多設計 by Associates
明星商品	冰甜點：提拉米蘇、季節帕菲杯

布局拓點計畫

2016 年	2020 年 6 月
創立 Double V	成立 Deux Doux Crèmerie, Pâtisserie & Café

Part 2-2

顏值商品取勝

難忘初嚐好滋味，開啟經營冰店之路

不只以口品嚐也用眼睛吃上一碗好冰

朝日夫婦

曾在日本沖繩生活幾年的「朝日夫婦」店長蘇威宇與太太廖梅琳，偶然機會下嚐到當地的日式刨冰，難忘的好滋味，讓夫妻倆萌生「如果有機會在家鄉開間這樣的冰店也不錯」的念頭。隨女兒的出生，兩人選擇回台定居，也決定實現當時開間冰店的想法，把日式刨冰的好味道帶給國人品嚐。

「ESPUMA 杏仁油條」為 2021 年新口味，以分子料理技術將杏仁做出蓬鬆滑順口感，上頭還擺上了酥脆油條，內層還有穀片，一口吃下味道相當獨特。

文＿余佩樺　攝影＿ Amily　資料提供＿朝日夫婦

開冰店對蘇威宇來說，其實是個意外的人生插曲，在離開日商工作後，到了日本沖繩旅行，因緣際會下成了潛水教練，也認識了太太廖梅琳。「結婚關係，特別遠赴離島一間小店訂製婚戒，也因此在附近吃到讓我們印象深刻的日式刨冰。」蘇威宇回憶，「那間冰店不大、面向著海，讓人感到很舒服，入店品嚐後發現到，店家運用自家製的手工糖漿搭配日式刨冰，口感鬆軟又入口即化，和過往常吃的台式挫冰很不一樣，當時就想，若有機會能自己開一間冰店也很不錯。」隨著大女兒的出生，為了讓孩子能在自己的故鄉成長，夫妻倆選擇回台生活，剛好太太的故鄉在淡水又靠海，便決定實現當時的想法，開一間刨冰店。

出奇不意，
不定期推出限定口味

選擇經營日式刨冰前，蘇威宇也做了些功課，他說，「日式冰的冰體較為鬆軟，訴求的是淋醬，台式冰的冰體則相對粗獷，講究的是餡料，兩者吃起來的口感相當不同。」然而，要把日式刨冰引進台灣，不能只靠全然複製，得做些改良才能滿足國人吃冰的習慣與喜好。於是他將兩種冰品做結合，不僅以台灣新鮮水果熬製成淋

朝日夫婦店長蘇威宇（右）、太太廖梅琳（左）以及兩人的寶貝兒女。

Brand Data

難忘初嚐對日式刨冰的滋味，作為從日本沖繩回台創業的契機，於 2017 年 8 月成立「朝日夫婦」，經過調和後，店內冰品不僅保有日式刨冰精神之餘，還有滿滿的在地味道。

營運心法

1 不定期推出限定口味，以出奇不意的新鮮熱度增加客人的回訪率。
2 設置外帶區，讓小店鋪可以分散人流，也提供消費的便利性。
3 藉由舉辦日式刨冰體驗講座，從自身店做冰品的推廣，慢慢擴展冰品產業。

店內空間一半為冰品製作區，一半則為座位區，當初規劃時，蘇威宇
與廖梅琳就希望能拉近與顧客的距離，彼此能自在的互動。

醬，細緻刨冰內還有豐富內陷配料，如白玉湯圓、穀片……等，讓冰品不只有
日式刨冰的精神，還能滿足國人吃冰的習慣。

　　蘇威宇和廖梅琳深知，冰品要能成功，除了冰體本身，口味與視覺更是重
要。「如果只賣大家都熟悉的口味，那絕對做不出市場區隔的……」為了呈現
心目中理想的日式刨冰，從沒開過冰店的兩人花了相當多的時間摸索，甚至也
赴日考察，以手作果醬為例，自學的他們從平日飲食、節日食材中找尋靈感，
任何可做成冰品果醬的食材都會一試，「一開始多以季節性水果做發想，像『淡
水夕日』就是以火龍果醬與芒果醬所製成的口味，味道特別，黃、紅兩色碰撞
出來的視覺也很繽紛奪目。此外，節慶也會推出季節限定款，像『萬聖節南瓜
刨冰』就是用南瓜所製成的淋醬，口味獨特也顛覆以往對冰品的印象。」店內
除了常態性、季節性、限定性口味，也持續推出新口味，今年就推出以杏仁茶
做發想的「ESPUMA 杏仁油條」冰品，「那時的想法很單純，想將古早味做成
冰……於是就以分子料理技術將杏仁做出蓬鬆滑順口感，上頭擺上酥脆油條，
不只單以口品嚐，也用視覺回憶熟悉的古早味。」蘇威宇解釋著。

除了口味，兩人在刨冰器皿、刨冰技巧上也下足了功夫，蘇威宇談到，目前店內器皿以陶瓷和玻璃為主，前者帶出高雅感，後都呈現清涼感，隨著冰品決定器皿種類；至於刨冰技術則是在不停的練習與測試後，才找出適合的冰體的粗細，「一開始還找不太到訣竅，做失敗了就只好自己吃下，當時真的吃到會怕……」廖梅琳笑著說道。

從自身店出發做冰品的推廣

進入到店內，會感受到濃濃的日本味，蘇威宇說，其實就很希望將沖繩的味道帶回淡水，整間店以木質裝潢為主，同時利用一些日式小物做佈置，予人樸實、愜意的感受。約5坪大的空間，一半為冰品製作區，一半則為座位區，蘇威宇說，「當初規劃時沒有想太多，就是希望能拉近與顧客的距離，無論是自己做冰、還是客人吃冰，都能很自在地互動。」

開店最初的設定是，希望客人皆能入店品嚐每碗冰的滋味，但礙於坪數關係，再加上排隊人潮絡繹不絕，以及來到淡水老街的遊客有外帶邊走邊品嚐

朝日夫婦的空間約5坪大，店內店位均設有座位，能一邊吃冰一邊欣賞淡水美景。

特別在店的另一側設置了『TO GO』區，分化人流也提供消費上的方便。

每回到了週年慶都會推出週年慶小物，有帆布包、玻璃杯，以及鑰匙圈。

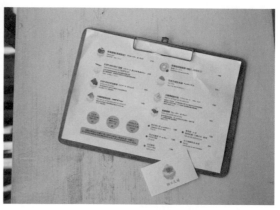

朝日夫婦的店名片、菜單都是廖梅琳特別委託妹妹代為繪製，相當別致。

的需求，經營策略上兩人也做出提供外帶的服務，蘇威宇解釋，「為了消化排隊人潮，特別在店的另一側設置了『TO GO』區，分化人流也提供消費上的方便。」打從開業以來，朝日夫婦一直是網路熱門打卡的名店之一，慢慢做出成績之後，也在 2019 年年底於淡水又再開設了 2 店，原先成立的目的是為了讓來到淡水玩的旅客，一下捷運站就能吃到冰，但突如其來的疫情，打亂了一切，目前已先暫時關閉。

然而，疫情並沒有擊退蘇威宇和廖梅琳，兩人為了推廣冰品，除了從自己的店出發，也將觸角延伸到課程（日式刨冰體驗講座）推廣上，蘇威宇解釋，希望藉由課程讓喜愛食冰甚至製作刨冰一同加入，讓冰品產業能在各地開出自己的花。

① 刨冰器皿的選擇上兩人也相當考究，會隨冰品決定器皿種類，像「草莓優格」就是用玻璃器皿盛裝，加深整體的清爽感受。

品牌經營

品牌名稱	朝日夫婦
成立年分	2017 年
成立發源地	台灣新北市
首間冰店所在地	新北市淡水區
成立資本額	NT.20 萬元
年度營收	NT.200 萬元
國內／海外家數佔比	台灣 1 家
直營／加盟家數佔比	直營 1 家
加盟條件／限制	無
加盟金額	無
加盟福利	無

店面營運

店面面積	5 坪
冰品價格	NT.140 元
每月銷售額	NT.17 萬元
總投資	NT.50 萬元
店租成本	NT.2 萬 6 千元（不含 2 個月押金）
裝修成本	設計裝修 NT.30 萬元、設備費用 NT.20 萬元
人事成本	NT.6 萬元
空間設計	不提供
明星商品	淡水夕日刨冰

布局拓點計畫

2017 年	2019 年
成立朝日夫婦 1 店	成立朝日夫婦 2 店（2 店已先於 2020 年 10 月中止營業）

Part
2-2

顏值商品
取勝

果食男子

隱身於台中美術館周邊巷弄的簡約白色房子，是一間與眾不同的日式刨冰店，然而也是果醬專賣店，從市集擺攤販售果醬起家的果食男子，有了獨立工作室後，也因為主理人之一的 Diesel，對於涼水有著兒時美好的回憶，因而決定加入春夏刨冰快閃，以自製果醬搭配細緻綿密的日式刨冰冰體，提供純天然的美好涼爽滋味。

自製果醬、果乾搭配日式刨冰
感受純天然無添加的多層次滋味

果食男子的刨冰盛裝特別選用不鏽鋼托盤、湯匙，儘量降低周邊色彩，以中性調的鋪陳，發揮與凸顯刨冰主角的特色。

文＿許嘉芬　攝影＿ Peggy　資料提供＿果食男子

相較一般冰店全年無休,位於台中美術館附近的果食男子,經營模式相當特別,僅推出春夏日式刨冰快閃,會有這樣的型態,也算是無心插柳的結果。其實果食男子販售主要商品為果醬,過去多以市集、線上訂購為主,由於夏季炎熱、市集銷售寥寥無幾,再加上果醬也不是立刻能品嚐的食物,於是主理人 Diesel 和小強靈機一動買了鑽石冰淋上果醬,果真吸引大家停下腳步購買,也讓他們發現,原來果醬跟刨冰很適合搭在一起。

以技術門檻低的果醬開始,
勤跑市集增加曝光度

但在這個階段,Diesel 和小強都還沒有開一間店的念頭,將時間點拉回到最初誤打誤撞踏入果醬領域的開端。廣告人 Diesel 因長期工作壓力決定移居台中,於朋友的餐館擔任店長職務時,餐館二三樓承租予藝廊與攝影工作室,為了活絡商圈發展,Diesel 決定舉辦小型市集,找來待過甜品店的小強一起製作果醬銷售,「果醬比較沒有保存期限的問題,加上入門門檻低,當時算是玩票性質,」Diesel 笑著說。沒想到陸續有客人詢問能不能再訂購,就這樣開始利用休假日跑市集販售,直到客

Diesel(右)與小強(左)共同創立果食男子,更有著可愛的店貓黑點、柴犬 Pinky 陪伴。

Brand Data

從 2015 年參與市集推出果醬開始,因擁有穩定回購率,2016 年正式創立果食男子果醬品牌,並持續於市集行銷推廣,某年夏天為了刺激果醬銷售,興起將果醬結合刨冰的作法獲得好評,因而決定在店鋪成立時,推出春夏刨冰快閃的經營方式。

營運心法

1 從低技術門檻果醬為創業,結合日式刨冰開創果醬刨冰的多樣性。
2 以當季水果熬煮醬料,每年微調口味與搭配,不斷升級進化。
3 延伸果醬氣泡水、吐司與優格菜單,扣合品牌提供多樣選擇。

初始庭院的客席為立食，為了給予客人舒適的食冰環境，Diesel 陸續添購家具讓戶外座位區更完整，白色之外結合許多植物的綠，顯得格外清新脫俗。

人愈來愈穩定、回購率成效佳，倆人思考全心投入的計畫，商討後由小強先離職，Diesel 提到不貿然的原因是，這個品牌必須先養活一個人，等到有盈餘再來進行下一步，對於初次創業來說是比較保險的。小強獨立作業約半年，那段時間剛好面臨市集蓬勃發展，週間煮好的果醬到了週末市集每每銷售一空，線上訂單更難以負荷，也剛好此時 Diesel 任職的餐廳面臨租約到期不再續約，促使他離開一起和小強共同分擔果醬品牌的製作與營運。

承租獨立工作室，
打造果醬與春夏刨冰快閃店

從市集起家、Diesel 加入後，實際上果醬品牌營運得養活兩個人是更加辛苦的，再者原

果食男子鄰近台中美術館，為一棟有著兩層樓的房子，一樓作為果醬、刨冰店鋪，二樓則是自宅。Diesel 一手包辦裝修設計，利用他最喜歡的簡約純淨白色為主軸，鐵皮屋頂局部更換為透光材質，化解原本陰暗的狀況。

本熬煮果醬、禮盒包裝都是在與友人分租公寓中進行，空間使用有限的情況下，相對需要更完整的工作室，增加廚房設備、耗材存放等需求，碰巧因緣際會得知美術館周邊有一棟兩層樓老屋要出租，Diesel 評估房租合理且又是台中熱門區域，立刻決定承租，也才改成一年四季販售果醬，春夏做刨冰快閃。僅做春夏刨冰快閃的考量點包括，從實際面來看，秋冬經營刨冰肯定比較辛苦，開店需要備料、營業成本，再者，果食男子的商品主軸本來就是果醬，而秋冬也面臨更多送禮節慶，果醬訂單足以成為一間店的主要營業額，才會有如此獨特的經營模式。

每年進化調整口味，
讓客人吃到最美味的冰

Diesel 則是行銷設計角色，當小強想出一種口味，Diesel 再提供一些建議。舉例來說，原本第一年推出的蝶豆花刨冰僅有檸檬酸味，頂端配上檸檬片，Diesel 認為不論口味或造型上都略微單調，因此到了第二年，小強又加了葡萄柚糖水，頂端改以葡萄柚果肉裝飾，刨冰內部更藏了與葡萄柚一樣有著柑橘香的伯爵茶凍，賦予多重且協調的口感，整體顏色視覺也豐富許多。不論是果醬或刨冰，每一年都會做一點不同的進化改變，就是希望給大眾吃

承租的老房子一樓空間約 10 坪，扣除廚房備料區域，室內客席區規劃三張兩人座位，一側用長凳形式傢具，爭取空間的效益。室內同樣維持白、木頭基調，讓視覺焦點留給主角－刨冰。

走進果食男子店內，層架上擺放著當季果醬、果乾，以及周邊文青小物。憑藉過往在餐飲業工作所接觸到的裝修改造經驗，讓 Diesel 得以精算層架、吧檯、窗台的木材用量，把一塊大木板用到淋漓盡致、甚至沒有剩料，連木工也相當驚訝。

到最美好的口味，譬如原本切小碎狀的柑橘類果醬改為切小細絲，口感更好，刨冰呈現亦是，以桑椹晚崙西亞橙為例，第一層先以蜜漬一日的新鮮桑葚果醬鋪底，再來是香氣濃郁的晚崙西亞橙果醬，最後搭配花了八天時間工序才完成的巧克力糖漬橙片，與蜜漬晚崙西亞橙片，從清爽到濃郁的品嚐，單吃或混著吃各有風味。

　　Diesel 有感而發地說，多了春夏刨冰快閃之後，最開心的就是看到大家藉由吃冰認識果醬，了解果醬的製作過程、運用範圍，特別是年輕族群，所以在未來他們也即將推出果醬吐司、果醬優格，拓展店內銷售品項，但主軸仍是圍繞著果醬為延伸，扣合果食男子品牌。經營至今短短三年，Diesel 笑稱因為自己個性好勝，遇到問題就是繼續努力，開發新品或是想著如何把刨冰、果醬拍得更好，思考大家偏好哪些口味等等，例如去年面臨疫情，轉而花更多時間推果醬宅配方案。看待未來，則是希望穩定發展後，能將果醬工作室遷移到更寬裕的空間，增加設備的擴充性，也提供二度就業婦女工作機會，除了對自身果醬生產有所幫助，也為台灣經濟盡一份小小的心力。

1 大人版的威士忌焦糖牛奶刨冰，刨冰本體是獨家自製的手工煉乳，香醇卻又清爽，頂部烤過的碎核桃搭配男子熬煮的威士忌焦糖醬，兩者結合瞬間變成帶有威士忌酒香的牛奶糖，讓人忍不住一口接一口。2 果食男子刨冰中相當受到歡迎的梨山蜜桃優格刨冰，將新鮮水蜜桃煮成濃郁的蜜桃淋醬和帶有果肉的蜜桃果醬，最後再淋上自家製作優格煉乳。

品牌經營

品牌名稱	果食男子
成立年分	2016 年
成立發源地	台灣台中市
首間冰店所在地	台中市西區
成立資本額	NT.10 萬元
年度營收	NT.150 萬元
國內／海外家數佔比	台灣 1 家
直營／加盟家數佔比	直營 1 家
加盟條件／限制	無
加盟金額	無
加盟福利	無

店面營運

店面面積	10 坪
冰品價格	一碗約 NT.150 元
每月銷售額	NT.8 萬元（春夏營業階段）
總投資	NT.100 萬元
店租成本	NT.2 萬元
裝修成本	設計裝修 NT.100 萬元、設備費用 NT.6 萬元
人事成本	NT.7 萬元
空間設計	店主自行設計發包
明星商品	梨山蜜桃刨冰

布局拓點計畫

2015 年	2016 年	2018 年 8 月
自宅生產果醬跑市集	正式成立果食男子品牌	開設店鋪並推出春夏刨冰快閃店

行銷宣傳
取勝

mimi köri ミミ - 小秘密

以期望打造在地特色冰店為出發，開業 8 年的小秘密搬遷至獨棟老宅，經由本事空間製作所重新規劃，加上因著主理人對古董老件、公仔玩具的特殊收藏，跳脫文青、日式，在充滿奇幻場景的氛圍下，品嚐專屬南國的日式刨冰。

布滿自然綠意的復古工業老宅裡吃刨冰
吸睛造型冰品＋老件蒐藏同步滿足味蕾與視覺

季節限定的新鮮葡萄刨冰，選用巨峰葡萄搭配手作的葡萄淋醬，淋醬中保留些許果粒，增添口感。

文__許嘉芬　攝影__曾信耀　資料暨圖片提供__ mimi köri ミミ - 小秘密

採訪當日正好遇上寒流，所幸南國屏東的冬日暖陽曬得極為舒服，循著地址一路來到在社群媒體上頗受好評、享有網美冰店之名的「mimi köri ミミ‐小秘密」（以下簡稱小秘密）。由獨棟 3 層樓老宅翻修而成的小秘密，復古中帶點工業、自然的質感，在連棟老屋中顯得獨樹一格，成為在地年輕族群喜愛的特色冰店。

古董老件與公仔，
在復古工業老宅浪漫吃冰

其實小秘密冰店於 2014 年開店之初，僅是承租約 15 坪左右的 1 樓店面，主理人顯龍從大眾喜愛、接受度高的日式風格為空間設計切入，大量木質基調、暖簾與小巧可愛的傢飾點綴，當年屏東餐飲業尚未有太多個性小店產出，加上顯龍選擇跳脫傳統台式刨冰，而是決定以日式刨冰為主軸開店，很快就打出知名度。也因為人潮慢慢變多，才在 2020 年 6 月搬遷至獨棟老宅。新址空間規劃再度引起話題，就像是走進為顯龍量身打造的奇幻美術館般，參與設計的本事空間製作表示，顯龍非常喜愛蒐藏古董老件、傢具與各式各樣公仔，過去只能放在倉庫，這次冰店改造希望能融入這些物件，因此老屋保留部分建築元素，例如外觀獨有的圓弧造型、2 樓復

Brand Data

創立至今即將跨入第八個年頭的日式刨冰店，期望以一碗冰的時間，朋友家人們分享彼此心中的小秘密，köri 中「o」上方的點代表灑在冰品上的佐料與冰淇淋，結合更多健康養生食材概念於冰品設計上。

營運心法

1 獨棟復古老宅改造，加入古董老艦收藏打造如奇幻美術館般，吃冰也能好拍好取景。
2 嚴選設計感餐具、講究擺盤與食材搭配性，視覺與味覺同時滿足。
3 鹹甜食套餐的多樣組合選擇，平衡淡旺季的營業落差。

1 樓主要為廚房與吧檯，因空間有限，僅配置 2 張雙人座位。

窯變磚材質自入口延伸入內，轉換至吧檯立面與局部地坪，隱喻性地切劃出與客席區、通往樓梯的動線，吧檯切出預留尺寸提供收納。主理人也精心挑選設備等級、外觀造型，期望與整體空間更為搭配。

古菱形磨石子地磚，再由設計者挑選了屏東在地所產的窯變磚，帶有質樸手感的樣貌，自 1 樓外牆延伸至吧檯與局部地坪，與水泥粉光地磚做出跳脫與層次效果；簡單深色的木作訂製卡式座位、單人桌面，與古董老件氛圍更為協調，另外也稍微增加鐵件材質比重，例如吧檯後方以鐵件整合層架與燈具，設計感極為強烈，與部分蒐藏的工業粗獷物件相互呼應。處理好主要空間框架後，顯龍憑藉多年來翻閱設計雜誌的美感訓練，一點一滴將收藏品與運用大量植栽擺設陳列，每一處角落各有特色，讓顧客們好拍好取景，配上日式刨冰的造型擺盤，自然是社群媒體上最吸睛的焦點。

講究手作與食材挑選，
搭上設計感餐具更對味

不只對空間氛圍的講究，包括冰品、餐點餐具，顯龍一樣有自己的堅持，他認為美的事物必須靠彼此來分享，藉由餐具亦傳遞了對於細節的重視，除了日本品牌之外，他也挑選台灣陶土創作家「山牌手作陶」的碗，就連吧檯上的刨冰機，更是選用日本初雪品牌最頂級、外型簡約時尚的黑

色機種，與整體空間才更對味，一方面也是此款刨冰機所刨出來的冰體可以如鵝絨羽毛般的輕盈、薄，回歸到冰品研發本身，顯龍更是重視食材挑選與手作，雖然是吃冰，也要讓顧客吃得健康！譬如選用營養價值高、成本相對也高的酪梨，結合花生、白芝麻做出獨家口味淋醬，煉乳則是與台東初鹿農場合作，另外像是手作各式水果做成的果凍，刨冰搭配的白玉湯圓，得經過五道手工製作步驟再加上小火慢煮，才能呈現軟中帶 Q 的絕佳口感；巨峰葡萄刨冰的葡萄淋醬同樣手工熬煮拒絕現成品，精準掌控水果與糖的比例，淋醬之中又得保留些許顆粒口感，這些都是主理人顯龍不斷調整改進獲得的成果。

鹹甜食套餐搭配，
縮短淡旺季營業落差

即便身處南國屏東，夏天時間或許比北部來得長，但冰品還是會面臨到最現實的營業額因季節產生的落差問題，這點當初遷移新址時，顯龍變已經把經營階段想得更遠一些了，所以包括內場廚房設備甚至具備煎台等齊全爐具，再加上他以咖啡館鹹甜食的搭配發想概念，以家中經營米糧行的米為主軸，選擇能與冰品不相衝突的日式飯

小秘密的每個角落有著主理人多年來的收藏，透過一點一滴佈置陳列，工業與古典老件、新與舊的交錯，形塑有別時下刨冰店的氛圍，彷彿走進如愛麗絲夢遊仙境般的奇幻劇場。

小秘密 2 樓保留既有老屋結構，獨特的菱形磨石子地磚與老件調性相互呼應，包括吊燈的形式、配置也是由主理人一手規劃。考量空間尺度，一側以卡式座位設計，再搭配一張木長桌，釋放舒適的動線。

2 樓客席區往陽台處，利用鐵件打造櫃體，也一併巧妙修飾了洗手間的入口，書架上提供雜誌書籍翻閱，可悠閒地享受一碗冰的時光。

糯套餐作為冬季餐點的新選項，配上湯品的輕食組合，讓顧客們先暖暖胃再以冰品劃下完美句點。除此之外，店內行銷上持續收集顧客資料並給予集點數回饋，近期還推出刨冰 DIY 體驗活動，開放顧客操作刨冰機，與教導如何控制冰體粗細、堆疊細緻刨冰，讓大家了解日式刨冰的過程，也傳遞出即便位處屏東，小秘密也是選用高規格設備、對食材與農產品的堅持、以及重視工作環境安全衛生，創造與都會區同步的食冰品質。

①經典刨冰宇治金時口味，選用屏東萬丹產的紅豆熬煮，搭配來自日本京都產的抹茶粉，以及店家手作的軟 Q 白玉，用料豐富實在。②從老家所經營的米事業為開發鹹食靈感，主理人顯龍設計了沖繩飯糰套餐，包含舒肥雞、蜜汁叉燒肉口味，配菜還有地瓜燒、馬鈴薯沙拉等，湯品隨季節更換，冬天是剝皮辣椒雞湯，讓大家先暖暖胃再慢慢食用冰品。

品牌經營

品牌名稱	mimi köri ミミ - 小秘密
成立年分	2014 年
成立發源地	台灣屏東市
首間冰店所在地	屏東市
成立資本額	約 NT.500 萬元
年度營收	不提供
國內／海外家數佔比	台灣 1 家
直營／加盟家數佔比	直營 1 家
加盟條件／限制	即將開放
加盟金額	約 NT.250 ～ 300 萬元
加盟福利	規劃中

店面營運

店面面積	45 坪
冰品價格	每份約 NT.150 ～ 300 元
每月銷售額	不提供
總投資	不提供
店租成本	NT.2 萬元
裝修成本	設計裝修 NT.300 萬元、設備費用 NT.100 萬元
人事成本	不提供
空間設計	本事空間製作所
明星商品	新鮮葡萄刨冰、經典宇治金時刨冰、提拉米蘇刨冰

布局拓點計畫

2014 年	2020 年 6 月
成立 mimi köri ミミ - 小秘密	搬遷至新址

Part 2-3

行銷宣傳取勝

奇維奇娃 cheevit cheeva

泰國冰品代理來台，找出獨到特色
創造「台灣限定」鹹食，多角化經營發展

「奇維奇娃 cheevit cheeva」（以下簡稱奇維奇娃），取自於泰文 cheevit cheeva，意即「別想太多、享受當下」，如同熱情開朗的泰國人一般，開心用力地生活。店面座落於台北市國父紀念館捷運站出口周遭，特別將外立面設計為可收合摺疊門，搭配可用餐的吧檯，讓都市環境與店面融合在一起，營造戶外露天咖啡廳的氛圍。

招牌泰式奶茶冰酥，搭配黑豆、杏仁與珍珠，風味極佳。

文＿陳顗如　攝影＿江建勳　資料暨圖片提供＿奇維奇娃 cheevit cheeva

奇維奇娃是來自泰國清邁的品牌，創辦人 Pair 自從一次韓國旅行吃到雪冰（Bingsu），入口即化的口感，讓她回國後試圖研發出屬於泰國的雪冰風味，2014年在清邁創立第一間店，目前在泰國各地已拓展到 30 間分店，奇維奇娃究竟是如何飄洋過海到台北？

時間拉回到 2016 年，主理人朱福鈞雖然從小在台灣長大，但大學後就到美國讀書，結婚後長期定居在泰國，他一次機會下吃到奇維奇娃的冰品後非常喜歡，希望將這個品牌引進台灣，經過朱福鈞多次拜訪誠懇邀約後，Pair 才同意在海外開設首間分店。2017 年，長期居住在國外的朱福鈞與幾位股東一起合資創業，由於他的本業並非餐飲業，希望集結多位台灣合夥人的智慧，共同管理奇維奇娃。

口感如同雪一般綿密的冰酥

最初開業前，股東們在市場上觀察到台灣人吃冰的習性很兩極，愛吃冰的在任何季節都會吃，不愛吃冰的一年吃不了幾次，但當時台灣尚未出現泰國冰品，朱福鈞還是毅然決然代理奇維奇娃，希望讓台灣人吃到有別於台灣刨冰的雪冰。

圖左為品牌經理王鎮棋，圖右為主理人朱福鈞。

Brand Data

來自泰國清邁的品牌，在 2017 年飄洋過海來到台灣，除了招牌冰酥之外，鹹食、甜點、飲料也都有供應，喜歡泰式美食的人千萬不要錯過。

營運心法

1 獨特冰酥口感結合泰式奶茶口味，開創與眾不同的冰品市場。
2 店面鄰近住商混合區，積極投入外送市場，吸引擴及廣大客群。
3 研發台灣限定版鹹食菜單，不只吃冰也能品嚐多樣性的餐點。

整體空間呈現自然清新風，以白色、木質調為主，搭配天然植栽，桌面上的鮮花則與附近花店合作，定期更換。

設計師特別將外立面設計為可收合摺疊門，搭配可用餐的吧檯，讓都市環境與店面融合在一起，營造戶外露天咖啡廳的氛圍。

奇維奇娃冰品的獨到之處在於，它的形成方式和一般刨冰不同，並非由冰磚刨製而成，而是像造雪般，從液體轉變為固體，製冰機由韓國引入，品名也直接沿用雪冰（Bingsu）的韓文發音直譯為中文冰酥。「將韓國的雪冰改變為更具泰國風味，口味有泰式奶茶與鮮奶，目前在台灣賣得最好的口味是泰式奶茶，而泰國則是抹茶與其他口味賣得更好，」美術設計張庭羽補充，為因應兩種口味，需要購買新台幣 30 幾萬元的造雪機兩台。

店面設置於住商混合區，
觸及更多客群

針對店面選址，張庭羽表示，「由於這是奇維奇娃的第一間海外分店，因此泰國團隊有前來台灣探勘將近兩個月的時間，當時考慮很多不同區域，像是師大公館一帶、忠孝敦化，最後因為周遭氛圍與租金考量選擇設置在國父紀念館。」品牌經理王鎮棋解釋，「奇維奇娃在泰國類似三不五時會想去坐坐的咖啡館，我們希望把這樣的品牌精神帶到台灣，因此我們選擇設置店面在住商混合區，並非單一住宅區、學區、商業區，而是介於這三者間的地點。營造一間讓人隨時都能來吃冰、吃甜點、喝咖啡的泰式冰品咖啡廳。」

以白色系、木質調、自然植物作為主視覺，點餐吧檯同樣以半開放形式，讓客人在點餐與感到格外親切。店內全是泰國進口的柚木傢俱，專為量身訂

製，「當初只考慮到購買泰國傢具很便宜，沒想到進口運費這麼貴，運費比傢具還貴。」張庭羽笑著說。設計師考量到台灣人較喜歡日式簡約風格，於是在餐廳中間搭建水泥中島，並結合柚木檯面與餐椅，檯面挖洞植入一棵樹，讓空間充滿生機。天花板以日本寺廟的建築為靈感，設計造型梁柱。

王鎮棋提到，經營冰店遭遇的最大挫折在於，餐飲人才十分短缺，「找一般工讀生、服務生很容易，但要培養成管理人員則需花費不少心力。公司研發出一套培訓機制，營造優質團隊氛圍，並訓練有心想留在餐飲業的人成為公司骨幹，利用獎勵制度留住人才。」

積極開發冰品之外的市場，
推出台灣限定鹹食

由於開業初期缺乏行銷預算，奇維奇娃沒有額外花錢做行銷廣告，皆是媒體主動邀訪報導，但也因此知名度大增，不少民眾、網紅、部落客慕名而來，也會在 Instagram、Facebook 等自媒體上定期推出季節、檔期活動，同時做些集點贈禮活動刺激顧客回流消費。除了留住內用客群外，也積極投入外送市

店面穿插吉祥物奇維與奇娃的身影，可愛的 LOGO 從店門口延伸到店內。

整體空間設計是由泰國團隊來操刀，再由張庭羽以英文溝通討論，並交給台灣工班施工。在餐廳中間搭建水泥中島，並結合柚木檯面與餐椅，檯面挖洞植入一棵樹，讓空間充滿生機。

點餐吧檯以半開放形式，讓客人在點餐時感到格外親切。

場，和 Uber Eats 與 foodpanda 皆有配合，以擴大接觸到目標顧客的機會。不僅如此，奇維奇娃與附近花店配合花藝課程，課程中租借場地外，還提供餐點，讓冰店不只是冰店，更是一間可以培養美學素養的教室。

去年受到新型冠狀病毒肺炎的影響，為了克服冬天業績下滑的困境，台灣分店特地研發泰式鹹食，例如打拋豬、特製咖哩等餐點，鹹食是台灣限定，泰國可吃不到。甜點或冰品菜單每一季若是有新品，泰國母公司會將資訊一併發送到台灣，經過內部討論後再確定是否適合台灣上市。

未來待疫情好轉，奇維奇娃將在台灣不同地區開設直營分店，除了設立直營分店外，也正初步規劃開放加盟，希望能與加盟主協商討論，不論是「委託加盟」，還是「特許加盟」，讓加盟主根據自身需求選擇加盟方式，達成雙方合作共識，期待將享受當下的品牌精神傳遞到全台灣。

1 香柚冰酥，冰體入口即化。

品牌經營

品牌名稱	奇維奇娃 cheevit cheeva
成立年分	2017 年
成立發源地	泰國清邁
首間冰店所在地	台北大安區（海外第一家分店）
成立資本額	NT.1,000 萬元
年度營收	NT.1,500 ～ 2,000 萬元
國內／海外家數佔比	台灣 1 家、海外 30 家
直營／加盟家數佔比	代理 1 家、直營 30 家
加盟條件／限制	溝通無礙、有心經營、有預算、投入程度高
加盟金額	小型店面約 NT.200 多萬元、大型店面約 NT.350 ～ 400 萬元
加盟福利	店面的設備、裝潢，以及基礎教育訓練全部包含在加盟金內

店面營運

店面面積	25 坪
冰品價格	一碗約 NT.230 ～ 300 元
每月銷售額	約 NT.100 ～ 150 萬元
總投資	NT.1,000 萬元
店租成本	NT.25 萬元
裝修成本	設計裝修 NT.337 萬元、設備費用約 NT.60 萬元
人事成本	NT.18 萬元
空間設計	泰國設計師
明星商品	泰式奶茶冰酥

布局拓點計畫

2017 年 11 月	
開業	

Part
2-3

行銷宣傳
取勝

昭和浪漫冰室

作為「昭和浪漫冰室」老闆之一的林宏一，原先在經營二手傢具選物店「VI Studio」，約莫 3 年前和其他 3 位友人動起經營副業的念頭，歷經找點、店型的波折後，最終重起原店重造的念頭，開了間冰室兼酒吧的店。

從傢具店轉型，不只賣冰也賣酒

以昭和年代為題，享受被迷人老件包圍的感覺

點「威士忌巧克力雪花冰」時，會佐上一小杯的威士忌，淋下後酒與巧克力交織出獨特滋味。

文＿余佩樺　攝影＿ Amily　資料暨圖片提供＿昭和浪漫冰室

　　林宏一說，起初並非要賣冰，原本是想開間燒烤店的，就在找好地點、隔天正準備簽約時，當晚就接到房東決定收回自用的消息，束手無策的情況下，友人提議去吃冰，吃著吃著想說那乾脆來賣冰好了，也就這樣定下了開店目標。雖說經營目標抵定了，但地點問題仍得解決，幾經尋覓依舊未見著適合的空間，最終動起原傢具店重造的念頭，將部分二手傢具移至倉庫擺放，所騰出的空間就作為店面使用；再加上其中 1 位合夥人從事進口酒品的業務，也就讓店不只賣冰也賣酒。

所用冰磚、
配料堅持手工製作

　　然而冰品項目眾多，林宏一說也曾在台式挫冰、其他日式刨冰做思量，因雪花冰比較能在口味上玩出創意，最終以雪花冰作為經營品項。原以為開冰店應該不會太難，投入了之後才知道其實很深奧，原來光是在「口感」這一塊就讓他與夥伴們踢到了鐵板，「當初想的很簡單，想說直接跟製作雪花冰磚的廠商叫貨，應該就能取得不錯的冰磚，沒想到味道不是太淡、就是香氣很不天然，始終達不到我們的標準，最後只好自己跳下來製作。」雖然高中時曾在餐廳打過工，但製作冰磚完全又是另一回事，一切花錢上課從頭學起。學會了冰磚製程，但味道、比例的拿捏，最

昭和浪漫冰室老闆林宏一。

Brand Data

昭和浪漫冰室由林宏一與另外 3 位友人共同經營，於 2019 年 6 月正式開幕。整間店以昭和年代為主題，來到店裡不只能吃到手作雪花冰、品嚐酒店，也能親身感受二手老件的美好。

營運心法

1 手工製作冰磚與配料，不斷修正調整口味甜度取得平衡。
2 以酒入冰增加菜單創意，也吸引酒商帶來異業結合的合作機會。
3 昭和年代為空間設計主題，結合老件的美好，創造食冰的浪漫氛圍。

空間裡的老件，全是林宏一個人的蒐藏，部分古物仍有銷售，在老件賣出後他就會針對整體做點微調，讓空間總是充滿著新意。

整間店以昭和年代為主題，入店吃冰的同時也能感受二手老件包圍的美好。

終還是得靠自己慢慢摸索，他說光是牛奶的比例，就足足花了 1 年的時間才調整出現今最好的狀態；甜度的比例亦是如此，來客數中不嗜甜者佔大多數，如何在降低甜度的同時又不影響口感，也是歷經了一番功夫才取得平衡。

　　不只冰磚，雪花冰所使用的配料同樣也踢到了鐵板。林宏一不諱言，一開始想說就用罐頭現成配料來加在冰上，沒想到就陸續有客人吃出店內所使用的配料出自罐頭，林宏一驚覺這樣的作法不行，緊急做了調整，這一路走來讓他有了深刻的體會：「愈是簡單，愈是不簡單！」自此從冰磚到配料堅持手工製作，每天開店前的例行公事就是熬煮糖水、紅豆、花生，以及烤布丁等，人工操作不比電腦，得方方面面加以考量，才能讓味道都是一致。

大人系微醺冰品，
不甜膩也不無聊

　　至於在口味研發上，林宏一說會以酒入冰的味其實是個意外！這得回溯到開店前，當時他還在測試「威士忌巧克力雪花冰」的味道，吃來吃去不是加上熟悉的堅果，再不然就是灑上脆片，總讓他覺得沒什麼新意，剛好當時手邊有杯威士忌，他

想既然有以熱咖啡、愛爾蘭威士忌、糖混合攪拌而成愛爾蘭咖啡，冰品應該也可一試吧？於是順勢把上手的威士忌淋於冰上，酒香交織著苦甜巧克力的韻味，這專屬於大人系的冰品成了店內的招牌。以酒入味的成功，也讓他們逐漸走出自己路，陸續獲得 CHOYA 梅酒、貝禮詩等品牌的青睞，爭相提出異業合作，前者以梅酒搭配檸檬、桑椹，研發出清爽口味的冰品；將貝禮詩奶酒結合招牌白色雪花冰，再搭配上布朗尼，嗑冰的同時也能一起吃到甜點。

　　林宏一說，冰結合酒的作法，某部分也與店的精神相扣合。原來昭和年代是他相當著迷的時期，那個年代有著和洋兼並的精神，隨後引進入至台灣，又再揉和出三者混合的味道。因此店名才會取為「昭和」，並以那個年代的二手老件形塑出迷人的氛圍。過去開傢具選物店的經驗，林宏一接觸過不少的設計師與工班，再加上對空間設計還算有點方向，在定出調性後，一切裝潢由他主導，並委請工班團隊將設計逐一落實。他說，考量建築排水位置，才會將吧檯設立於中間，前半部分作為冰室，後半部則為酒吧。空間裡的老件，全是林宏一個人的蒐藏，因部分古物仍有銷售，在老件賣出後他就會做點微調，不僅讓來客者每回上門都充滿新意，同時也延續過去的個人興趣。

一切裝潢由林宏一主導，先確立相關設備後才進行後續的裝潢事宜。

2 樓空間經過重新整頓後改作為為酒吧。

從台灣走向海外，
征服更多人的味蕾

最初，昭和浪漫冰室僅有 1 樓店面，隨 2 樓的 Congrats Café 搬遷，便將空間收回使用，經重新整頓後，目前 1 樓為冰室，2 樓為酒吧。經營兩年多來，幾乎親力親為的林宏一認為，同樣是開店但冰店的「眉角」還真不少，其一是夏天吃冰需求量較高，如何在有限的空間產出一定量的口味冰磚，仍是一大考驗，這也迫使他不得不在口味上做出取捨，好讓效益發揮到最大。再者冰品生意淡旺季太過明顯，夏天時的業績還算不錯，不過一旦天氣變涼了之後，客人消費冰品的意願就會大減，所以一進入冬季，便會推出相關熱食，以提高消上門意願。第一年冬天推出的是關東煮，有了先前製冰的經驗後，相關熬湯、備料仍堅持自己製作，但堅持手作的方式，讓同仁幾乎負荷不過來，到了第二年則改成賣水餃、煎餃為主，同時還有提供熱飲、蛋糕等，多了點選擇也讓冬季業績稍有成長。

1 「招牌布丁牛乳雪花冰」不只能吃到綿密的冰，還能嚐到手工布丁。

開店至今約兩年多，但面對不斷變化的市場，他們仍舊不斷地在做修正，好讓經營能跟得上需求與變化。面對國內市場，接下來將持續透過參與市集活動打開品牌知名度，至於海外部分，因其中 1 位合夥人本業是旅遊業，長期在越南經營的他看到冰品在當地的發展機會，因此將接下來另一項重要目標是到越南插旗，讓更多人嚐到昭和浪漫冰室冰品的好滋味。

品牌經營

品牌名稱	昭和浪漫冰室
成立年分	2019 年
成立發源地	台灣台北市
首間冰店所在地	台北市大安區
成立資本額	NT.300 萬元
年度營收	不提供
國內／海外家數佔比	台灣 1 家
直營／加盟家數佔比	直營 1 家
加盟條件／限制	無
加盟金額	無
加盟福利	無

店面營運

店面面積	約 55 坪（2 層樓加廚房）
冰品價格	一碗約 NT.250 元
每月銷售額	不提供
總投資	NT.300 萬元
店租成本	NT.6 萬元
裝修成本	NT.200 萬元（軟體加硬體）
人事成本	NT.15 萬元／月
空間設計	店主自行規劃
明星商品	招牌布丁牛乳雪花冰、大人系威士忌巧克力雪花冰

布局拓點計畫

2019 年

成立昭和浪漫冰室

Part 2-3

行銷宣傳取勝

在冰的料亭追憶哈瑪星繁榮時光

用飲食領路認識港都在地文化

新濱 · 駅前｜春田氷亭

高雄哈瑪星地區的門戶入口，為日治時期新濱町，打狗驛前街區當時旅館、料亭、冰店等店鋪林立，是高雄地區娛樂生活的重心。位於舊貿易商大樓四樓的春田氷亭，以「冰的料亭」為概念活絡這處充滿故事的老房子，用創意將高雄豐富水果及美食甜品，搭配日式料亭料理概念，製成精緻特色冰品。

「宮・九枡」為刨冰的解構版，將 8 種在地食材手工製作的配料分別呈盤，有如在品嚐精緻日本料理。

文＿楊宜倩　攝影＿邱于恆

142

自 2016 年 7 月起，「再造歷史現場」—「興濱計畫」獲文化部核定後，高雄市政府文化局即針對哈瑪星聚落啟動重點文化資產修復、保存、活化再利用等相關作業，從山港鐵町四大主軸進行。因為喜歡哈瑪星這個地區的歷史與氛圍，來自營造業、藝術行銷與餐飲背景的朋友，為了經營這些有故事的老房子空間而成立公司，並以「新濱・駅前」為品牌名，陸續進駐了舊三和銀行與舊貿易大樓，從文史與生活軌跡脈絡切入，從餐飲切入引領民眾進入親近這些建築、體驗空間受時間淘洗的獨特氛圍。

昔日旅館成冰的料亭，
感受歷史現場的魅力

在日治時期，原址為旅館「春日館」，1944 年遭炸毀，於 1951 年新建一棟四層樓高的「貿易商大樓」，1963 年，高雄進出口商業同業公會買下並命名為「貿易商大樓」，2014 年面臨拆除危機，在高雄市文化局審核下列為暫定古蹟，並以向高雄進出口商業同業公會租賃方式修復並保存建物，加以活化使用。

三望文化創意股份有限公司經理李沅真

Brand Data

哈瑪星貿易商大樓四樓「春田冰亭」2020 年 12 月開幕。貿易商大樓原是日治戰前高級連鎖旅館「春田館」，撫今追昔打造出冰的料亭，一個日本料理式的台灣冰果室，透過創意將台灣豐富水果及傳統冰品，以料亭料理概念製成精緻冰品，把冰品從小吃轉變成為料理，讓人看到冰品的第一眼，有吃著日本料理的錯覺。

營運心法

1 由日治旅館改造冰的料亭，創造吸睛話題。
2 將在地食材手工製作的配料以九宮格托盤盛裝，用料亭概念品嚐冰品。
3 冰品以顏色命名，菜單如色票，讓人印象深刻。

哈瑪星貿易商大樓雖建於戰後時期，但許多建築特徵都承襲自日治時期的技術，包括外牆洗石子、室內磨石子地坪、鋼筋混凝土加強磚造、鋼筋混凝土樓板、木造門窗、屋頂西式木屋架構造等。

　　現今所看到的貿易大樓是修復後的樣貌，樸實簡單俐落的牆面，直立細長垂直飾條，長型的木製窗戶是其特徵。位在昔日高雄港火車站（舊打狗驛）前的精華地段，是日治時期政經中心的所在地，素有金融第一街之稱，也是高雄重要歷史場域之一。而高雄自荷治時期起，便是重要的漁業據點，日治時期 1908 年築港工程啟動，亦將高雄規劃為開發南方海域漁業資源的根據地。隨著捕撈範圍擴大，為了漁業水產業保鮮目的，冷凍技術工業亦在高雄發展。日治末期，高雄地區因漁業重鎮產生的用冰需求，當地製冰產量達全臺灣三分之一。

　　在思考空間運用時，經營團隊重新梳理這些歷史脈絡，扣合興濱計劃「山港鐵町」的主軸，想像在過去銀行家做貿易的人搭乘火車四處旅行談生意，來到日本料亭會面洽談的意象，並將潮汕飲食文化中重要的沙茶帶入，打造了「春田冰亭」，一個宛如日式料亭的精緻冰店，還能吃到澎派美味的鍋燒麵。

結合建築元素，
打造精緻的吃冰文化

　　過去冰品在台灣是街邊小吃，但在一個擁有美麗木屋架的建築中，該如何打造一家冰店，經營團隊將將日本精緻的飲食文化的概念與冰品結合，從「料亭」轉化出「冰亭」的意象，將廚房設計成有如日本料理店的吧檯，以不違和的方式將吧檯

置入，並將吧檯的玻璃櫃佈置得有如生魚片冰櫃，只是裡頭冰的是鍋燒麵用的海鮮與冰品的模型。同時找尋《枕草子》中提及冰的段落，邀請高雄藝術家題字並將冰品中運用在地鮮果入畫。鄰窗座位訂製綠色鉚釘皮製沙發，營造大正時期和洋混合的時代氛圍。2020 年正逢高雄港 100 年，12 月開幕時搭上這波議題吸引了媒體報導，也在社群網站上博得注目。

冰品以顏色命名，
在地食材鮮果入列

在研發菜單時，針對台式刨冰常見的八寶冰進行了討論，有人提出不喜歡吃的原因是「料都混在一起」，因此開啟了「把料一格一格分開放」的創意，而開發出成為網路話題的「宮・九枡」，九宮格的托盤中以精緻小碟盛裝蜜鳳梨、蜜紅豆、蜜地瓜泥、芋頭、大麥仁、愛玉、仙草、手工圓仔，中間放上一朵菊花裝飾，搭配有如一座小冰山的清冰糖水，視覺效果滿點，在試營運「募冰」期間引爆話題，也有以「山港町鐵」為題創作的冰品，抹茶比喻山、藍柑橘洋菜凍比喻海港，石頭巧克力、手工圓仔比喻街町，巧克力餅乾比喻鐵路，十分有趣。「滿載」則是一艘盛滿在地時令鮮果的大船，其他則用日文的顏色詞搭配食材的顏色創作菜單，打開菜單有如一張色票，讓人印象深刻。

日本女作家清少納言於《枕草子》散文集中「高貴的事物」篇曾紀錄「冰」是珍貴的高級品，入口弧形端景牆特邀高雄甲仙農家子弟出身的藝術家劉星佑書寫該段落，搭配高雄特產鳳梨、香蕉等水果，結合農業與藝術創作。

潮州商人在戰後初期在高雄的進出口界占有重要地位，有潮汕幫之稱，近六成住在鼓山、鹽埕一帶，他們帶來潮汕文化中的沙茶，影響了高雄的冰店兼賣鍋燒麵，在春田氷亭便引述這個脈絡，將冰品與鍋燒麵都納入菜單設計。

舊貿易商大樓曾是哈瑪星最高的樓房，2 樓以上垂直向上的線條與細長比例的木窗，表現在高聳的立面外觀；透過木窗三面環景的視野，可一次飽覽高雄港區、鐵道園區、壽山及哈瑪星街町風光。

1 「堇」清冰刨冰中有綿香地瓜泥，淋上紫薯奶醬、特製奶蓋，最後以食用花點綴。

品牌經營

品牌名稱	新濱 · 駅前｜春田氷亭
成立年分	2020 年
成立發源地	台灣高雄
首間冰店所在地	高雄市鼓山區
成立資本額	不提供
年度營收	不提供
國內／海外家數佔比	台灣 1 家
直營／加盟家數佔比	直營 1 家
加盟條件／限制	暫無計劃
加盟金額	暫無計劃
加盟福利	暫無計劃

店面營運

店面面積	50 ～ 60 坪
冰品價格	NT.120 ～ 250 元
每月銷售額	不提供
總投資	不提供
店租成本	不提供
裝修成本	不提供
人事成本	不提供
空間設計	不提供
明星商品	宮 · 九枡、山港町鐵、海陸鍋燒麵

布局拓點計畫

2020 年
11 月試營運 · 12 月開幕

Part 2-3

行銷宣傳取勝

快閃擺攤、聯名品牌，創造新話題

運用創意冰品、甜點打破淡季魔咒

點冰室 ・ ジャビン

門口特意開半窗，吸引經過的人好奇探看，循著好奇心走入充滿老物件的店面，立刻感受到濃濃的日式風情。位於台北市赤峰街的「點冰室 ・ ジャビン」（以下簡稱點冰室），在眾多汽車材料行中特別顯眼，品牌後方日文名稱「ジャビン」刻意讓拼音唸起來如同台語「呷冰」的音意，簡短又有趣味，聽一遍就留下記憶點。

只能在冬季吃到的草莓抹茶綠森林。

文＿陳顗如　攝影＿江建勳　資料暨圖片提供＿點冰室 ・ ジャビン

曾在金融業打滾 10 多年的老闆陳韻如（Yun），本身很愛吃冰，自從一次日本旅遊品嚐到當地刨冰，發現日本刨冰吃起來很細緻，不像台灣刨冰顆粒比較粗，在嘴裡要花較長的時間才能融化。她開始思考在台灣販賣日本刨冰的可能性，不同於多數開業者通常會經過層層市場調查，吃遍各種冰店，了解市面上各式冰品店後才開店，她則秉持滿腔熱血，堅持做出想要的冰品，「我當時單純想開間冰店，於是鑽研冰品的口感與口味，四處尋找製冰的機器，沒有多餘心力研究冰品市場的狀況，」Yun 笑著表示，她不想和其他人比較，只希望全心全意做自己喜歡、覺得好吃的冰。

不定期發想冰品，
破除淡季魔咒

店內冰品主要是以當季水果去做果醬調製，夏季以愛文芒果為主，冬季以草莓為主，不定期更換菜單，Yun 在日常就會關注許多日式刨冰的 Instagram，並根據當下想替換的冰品發想，在日式刨冰中加入台灣的元素，或者推出限量冰品，例如針

Brand Data

以販賣日式刨冰為主的冰店，崇尚簡單自然的口味，冰品上淋的果醬皆為親手調製，冰品口感綿密細緻，不定期推出當季限量水果三明治。

營運心法

1 創意、限量冰品發想，突破淡季魔咒。
2 研發冰品以外的鹹食與甜點，降低成本壓力，活絡淡季收益。
3 快閃擺攤、聯名異業品牌活動，打出知名度。

藉由綠色植栽妝點門面，許多路過的人總
會受到門口半窗吸引，而入內用餐。

對生意較差的鬼月，她製作了一款符咒冰，冰品放上黃色符咒，寫著暑氣退散配上
鮮紅濃稠的莓果葡萄醬，客人能邊吃邊體驗濃濃的鬼月氛圍。

　　點冰室所使用的刨冰機為鵝牌，刨出來的冰像是鵝絨冰，一台日式自動刨冰機
要價新台幣 75,000 元（此為 2018 年的價格）。搭配抹茶的蜜紅豆，以及糖漿必須
冷卻，要在前一天晚上煮好，而開店當天則是處理現打的鹹甜奶蓋，與現捏現煮的
白玉。Yun 透漏日式刨冰好吃的祕訣就是蓬鬆感，因此在製作過程中利用盤子快速
接住刨冰，讓它慢慢堆疊成小山狀，口感才會綿密細緻。

勇於嘗試冰品外的商品，
力求突破

　　最初在設定品牌定位時，Yun 想開的是一間有特色的小店，所以為店鋪選址時，
基本上都是找巷弄間的店面，一來可以降低成本，二來更有神祕感。原本對於交通

便利性不太在意的她，將店面從板橋搬來中山站後，感受到易於抵達的好處，也因此增添不少喜歡嚐鮮的客人。談到經營挫折，她認為穩定冬天營收是冰店經營者都會遇到的挑戰，「尤其我剛開業沒多久就是冬天，本來以為台灣人會像日本、韓國人一樣在冬天吃冰，但我錯了，」前一、兩年遇到淡季，她曾嘗試販賣熱甜品、小點心，但生意依舊沒有起色，頂多打平收益。直到店面搬遷至赤峰街，Yun 開始製作水果三明治，她坦言這項商品活絡了淡季收益，因此，她建議想開冰店的人，除了冰品之外一定要有應對冬季的配套措施，不論是鹹食、餅乾、甜點，還是主食，都能降低成本壓力，在淡季支撐下去。

快閃擺攤、聯名品牌，
打開知名度

平日從點餐到出餐都是 Yun 一個人單打獨鬥，假日才商請朋友來幫忙，以降低人事成本。開業至今 3 年多，原本位於板橋的店面裝潢花掉不少她的積蓄，也因為有之前硬體花費過多的教訓，當她決定搬遷到中山站周邊時，空間氛圍以簡單乾淨為主，不做多餘、帶不走的裝潢。原本是間充滿黑色油汙的汽車材料行，搖身一變為充滿故事性的日式刨冰店，以木作搭建約 130 公分的吧檯，保有製作餐點的隱私性，並以充滿童趣的玩偶、手動刨冰機等，營造出富有人情味的空間。為了座位坐起來舒適不擁擠，店內只有 18 個座位，保持出餐與點餐動線順暢。

以木作搭建約 130 公分的吧檯，保有製作餐點的隱私性，並以充滿童趣的玩偶、手動刨冰機等，營造出富有人情味的空間。

整間店以白色搭配木頭色系，營造日式簡約風格。

不做帶不走的無用裝潢，運用老物件佈置出
濃濃日式風情。

　　提及品牌行銷策略，點冰室多次參與誠品、CITYLINK 快閃擺攤活動，也曾經與「赤峰貓舌菓」，以及「陽台」推出「小時候の氷 3.0」，2020 年底開始更與開門選物合作，進入店面除了吃冰之外，還能選購從日本、荷蘭來的商品，增添不同的用餐體驗。不過，Yun 經過成本計算後發現，多次的快閃活動效益不大，未來可能會邀請其他冰品店到點冰室聯名同樂，不排除與同業合作交流的可能性。關於開分店、開放加盟，她並非沒有想過，也曾有朋友提議要加盟點冰室，但她不放心將品牌交到他人手中經營，怕砸了招牌而作罷，再加上名利不是她追求的目標，現階段只希望將點冰室經營得盡善盡美，讓每位來吃冰的顧客品嚐到她的用心。

2021 年開始，點冰室結合開門選物，不僅增加店面坪效，
還能增添不同的用餐體驗，另外增設可供展覽的地方。

品牌經營

品牌名稱	點冰室・ジャビン
成立年分	2017 年
成立發源地	台灣台北市
首間冰店所在地	新北市板橋區
成立資本額	不提供
年度營收	不提供
國內／海外家數佔比	台灣 1 家
直營／加盟家數佔比	直營 1 家
加盟條件／限制	無
加盟金額	無
加盟福利	無

店面營運

店面面積	37 坪
冰品價格	NT.160 ～ 220 元
每月銷售額	不提供
總投資	不提供
店租成本	不提供
裝修成本	設備費用 NT.20 ～ 25 萬元
人事成本	無
空間設計	築安室內裝修
明星商品	日式刨冰、水果三明治

布局拓點計畫

2017 年 8 月	2019 年 3 月	2019 年 4 月
首間板橋店面開業	準備搬遷到中山站	開幕

Part
2-4

創意菜單
取勝

滿足味覺、視覺、嗅覺，三重感官饗宴
以無法複製的用餐體驗，提升刨冰價值

Kakigori Toshihiko
日式氷專賣店

台北市金門街上充滿各式各樣的小店，其中一間「Kakigori Toshihiko 日
式氷專賣店」（以下簡稱 Kakigori Toshihiko）總會讓人忍不住開口跟著
店名唸一遍，原來「Kakigori」（かき氷）是日文刨冰的羅馬拼音，搭配
老闆吳俊彥的名字「Toshihiko」（俊彥）的日文發音，就是店名的由來，
也因此許多熟客經常稱之為俊彥冰店。

冰品頂端為新鮮覆盆子，外層淋上濃郁抹茶，內部藏有覆盆子果泥中和抹茶苦味，再挖幾口
會吃到手作鮮奶酪，一旁附上小杯覆盆子果泥，讓人依照喜好添加。

文__陳顥如　攝影__ Amily　資料暨圖片提供__ Kakigori Toshihiko 日式氷專賣店

吳俊彥從 16 歲起進入餐飲業，在日本料理店、蛋糕店工作後，決定到日本就讀東京製菓學校，學習製作洋菓子，因緣際會下，開始與當時在冰店打工的朋友四處品嚐體驗各式各樣的甜品與冰品，發覺日本刨冰與台灣刨冰的口感與差異，對於日式刨冰的好奇心逐漸萌芽。他回台後觀察台灣市場，發現一份甜點的價格通常比正餐還貴，正好與日本相反，再加上台灣人長久以來講求高 CP 值，很多商品售價被壓縮得很低，進而意識到自己若要在台灣當個甜點師，可能養不活自己，「我認為在台灣無法體驗到日式刨冰文化，開冰店反而比甜點店更有優勢，於是朝著經營冰店發展。」他回憶道。

談及店鋪選址，起初吳俊彥只有搜尋吧檯型店面，或者容納大約 20 位客人的小型店面，「我喜歡和客人近距離接觸與聊天，當他們在餐點或服務上有問題時，可以直接解決、分享，這是很棒的交流方式，」他笑著說。最後選擇在金門街新落成大樓的 1 樓店鋪，冷氣、管線、地板全是新的，同時省下更換老舊管線等費用。

享受三重感官饗宴，扭轉顧客價值觀

以吳俊彥的觀點來看，Kakigori Toshihiko 就是獨一無二的冰店，世界上找不到

圖左為老闆吳俊彥，圖右為老闆娘李預瑩。

Brand Data

從原始食材開始提煉製作奶醬或果醬，讓你吃進去的每一口都是天然、無負擔的美味；以甜點概念來設計、呈現冰品，讓你同時體驗味覺、視覺、嗅覺饗宴。

營運心法

1 從吃冰過程中創造視覺、嗅覺體驗，促進客人下次想再來的欲望。
2 奶醬、果醬都是從食材提煉製作，純天然無添加的美味。
3 販售禮盒、茶罐、茶具與結合小型展覽，提升店內品質。

吧檯區域運用樂土仿製清水模質地當作檯面，支撐吧檯的底部為老闆夫妻共同手染的木頭，排成間隔 1 公分的格柵，木作搭配水泥檯面，彰顯質樸之美。特地選用日製手工黃銅燈具，將日式風格貫穿整間店。

同樣的一間店，他解釋道，「店裡多數的冰品靈感來自於甜點、甜湯，或者熟客送的食材，像是芋香蒙布朗這道冰品正是將栗子奶油餡，改用芋頭替代重現蒙布朗的造型，現削帕瑪森乾酪營造下雪氛圍，達到視覺與味覺的雙重享受，」曾於法式餐廳工作的他受到法餐影響，認為餐點好吃之外，在用餐過程中創造視覺、嗅覺體驗，是促進客人下次想再來的欲望。

由於 Kakigori Toshihiko 並非傳統刨冰店，吳俊彥與太太李預瑩必須不斷告訴顧客店內的冰品有別於市面上的雪花冰，「雪花冰構成的原料有奶粉、水、糖與其他食品添加物，簡單來講，牛奶雪花冰可能沒有牛奶，比較偏向食品加工的產品；但在我們店內沒有任何一樣東西是現成的，不論是奶醬還是果醬都是從食材開始提煉製作，」吳俊彥認真說道，冰箱冷凍庫裡的材料賣完了，當天晚上再從零開始製作，等待果醬煮好冷卻後，隔天才能繼續開店。

正因為 Kakigori Toshihiko 的冰品皆是從純天然食材製成，成本也反映在價格上，他認為扭轉消費者從「五種配料 60 元」的傳統刨冰，到「一兩種配料 200 元」的天然冰品之間的期待落差，是最大的經營挫折，他也企圖引導每位來店用餐的客人理解「清楚吃下去的東西，再來評斷價格值不值得」的觀念，明白一分錢一分貨。

意外成為美食網紅的焦點

製作冰品區域的立面以胡桃木壁櫃搭配開放式廚具、刀具收納架，流理檯運用大量不鏽鋼材質，讓廚房容易清洗、保持整潔。以 1 台初雪自動刨冰機供應店內冰品。

創業初期缺乏行銷資金，吳俊彥並未商請網紅寫食記，或在社群網站投放廣告，但一位經營 Instagram 的 Foodie 來吃冰，因而引起其他美食網紅的關注，爭相來吃冰。

開店第一年，為了填補冬天淡季的營收，Kakigori Toshihiko 帶入日式湯咖哩，吳俊彥親自炒底料、配料，不過當初在設計規劃上並未將排煙設備考量進去，因此有部分客人反應進入冰店內吃冰，卻留下滿身咖哩味。目前湯咖哩品項已經停售，問及下個冬天該如何應對，他笑著說，「2021 年，我們開始販售新年禮盒，甚至會販賣器皿、茶罐、茶具，同時策劃小型展覽，」他希望提升店內品質，讓客人在視覺、味覺上皆能獲得滿足，從器皿開始，與消費者一起培養美學素養。

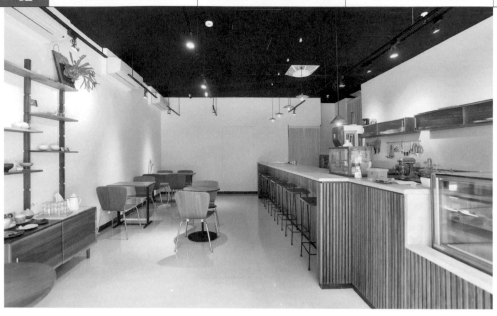

店內底部為倉儲空間，將門漆成白色，平時看起來就像是一面牆，倉儲放置 6 台冰箱及冷凍庫。用餐區有保有曖昧的氛圍，讓空間不要過度明亮，人與人之間和人與餐點間都能保留神祕感。餐桌使用不上漆只上油的胡桃木，讓空間接近天然、原始質感，

　　一直以來，不論是台灣或海外，陸續有人詢問加盟的相關事宜，但因為加盟金額談不攏，也擔心無法掌握加盟店而砸了品牌名聲而沒有後續合作。吳俊彥承諾未來將繼續開發令人驚豔的冰品，或許還會開設不同類型的冰品店，開啟更多刨冰的可能性，敬請期待。

一進入店內，左手邊將看到擺滿名家器皿的胡桃木陳列架，讓立面瞬間變成展覽空間，下方再配置提供顧客取用茶水的茶几。

品牌經營

品牌名稱	Kakigori Toshihiko 日式冰專賣店
成立年分	2018 年
成立發源地	台灣台北
首間冰店所在地	台北市中正區
成立資本額	約 NT.100 萬元
年度營收	不提供
國內／海外家數佔比	台灣 1 家
直營／加盟家數佔比	直營 1 家
加盟條件／限制	僅提供技術指導
加盟金額	不提供
加盟福利	不提供

店面營運

店面面積	15 坪
冰品價格	1 碗約 NT.200 ～ 350 元
每月銷售額	約 NT.20 ～ 50 萬元
總投資	NT.100 萬元
店租成本	NT.7 萬元
裝修成本	設計裝修 NT.200 萬元、設備費用約 NT.30 多萬元)
人事成本	NT. 約 2 萬元
空間設計	店主自行規劃
明星商品	起司葡萄柚

布局拓點計畫

2018 年 2 月	2018 年 7 月
尋找地點	開幕

Part
2-4

創意菜單
取勝

小涼院霜淇淋專門店

「小涼院霜淇淋專門店」（以下簡稱小涼院）以販售多種獨特霜淇淋口味聞名，甜食控手中一杯杯創意的霜淇淋，都是店家堅守品牌核心價值，講求「天然、手工、創意」的美味靈魂，特別選用台灣在地食材，不添加人工製品、純手工製作，著重霜淇淋口味的創意研發。

以天然食材，研發創意獨特霜淇淋
秉持職人態度，每日只賣一種口味

小涼院販售的馬拉邦山草莓霜淇淋，草莓與小農合作，從苗栗大湖直送原料。

文＿賴彥竹　攝影＿江建勳　資料提供＿小涼院霜淇淋專門店

原為上班族的小涼院主理人林思辰，出社會後一直想要開店，但不喜歡油煙太重的餐飲，因此朝向自己最喜歡的水果發展，與朋友討論後決議開設霜淇淋專門店。她表示，取名為小涼院，就是希望客人來到後，感覺如同自家院子的涼亭一樣，輕鬆自在，而店內透過傳統海棠花玻璃、復古木窗、白色磁磚、仿舊物件，營造出復古、懷舊的氛圍。

定期研發新品，
已設計 60 多種口味

而小涼院的品牌、形象設定，即是以獨特口味的霜淇淋與市場區隔。林思辰透露，發想創意口味的靈感，多來自團隊成員日常飲食經驗，透過不斷地試驗，直到調出清爽、濃郁的韻味，才會發表新品。

以產品「西瓜美人」為例，以台灣在地西瓜為主原料，經由一次次嘗試，發現黑醋栗紅酒醬與冰體的甜度最為融洽，再灑上梅子粉，酸甜清爽滋味即誕生！店家同時也注重冰品的顏色表現，在淺粉色霜淇淋上，擺上數顆鮮甜的西瓜果肉球，讓客人獲得一杯視覺與味覺兼具的清涼消暑饗宴。

小涼院主理人林思辰，秉持霜淇淋職人專業態度，一天只賣一種口味。

Brand Data

小涼院霜淇淋專門店於 2014 年在台北市大安區巷弄內成立。每樣食材經過嚴格篩選，與台灣在地小農合作，以最新鮮、天然的食材，加上別出心裁的巧思，推出一支支獨特美味的霜淇淋。

營運心法

1 定期研發新口味冰品，不斷推陳出新，留住甜食控接連上門品嘗創意新口味。
2 堅持不添加防腐劑，完全純手工製作，一次只專心製作 1 種口味，確保冰品的品質。
3 市集擺攤、異業合作，藉此增加品牌曝光度，帶動不同客群，讓更多人認識小涼院品牌。

小涼院門口外觀以傳統海棠
花玻璃、復古木窗為主視覺,
呈現出簡單、乾淨氛圍。

　　目前每個月皆會固定研發新品,但並非每個月都能研發
成功。不過開店至今,小涼院持續玩味食材,設計出 Mojito
古巴調酒雪酪、杏桃蜂蜜霜淇淋、伯爵茶龍舌蘭霜淇淋、桂
花普洱茶等,已累計研發出 60 多種奇妙、獨特口味。小涼院
不斷推陳出新,也因而留住不少甜食控們,接連上門品嘗創
意新口味。

與小農合作,
選用最新鮮食材

　　小涼院另一特色是 1 天只賣 1 種口味霜淇淋,這樣的販
售方式,除了考量店內僅有 14 坪,擺不下多台機器,最大的
因素是為了嚴格控管食材品質。林思辰補充,由於店內會與
全台各地小農合作,大量地選用當季水果,且堅持不添加防
腐劑,完全純手工製作,因此慮及食材新鮮度、人力負擔,「所
以一次只專心製作 1 種口味,以確保冰品的品質。」

開店至今 6 年多，林思辰說，冰甜品店在製作出品質良好的商品後，能否長久經營，關鍵在於是否能應對淡季。店內也有冬季限定的香料熱紅酒、年糕紅豆湯等熱飲品項，同時也販售其他日式甜點，像是選用日本秋田縣出產的年糕、手工自製的蕨餅與香酥肉桂捲，並將飲品中的蜜漬黃檸檬、香料熱紅酒、奶茶，以及淋醬中的桂花蜜，研發為罐裝包裝或密封材料包，提供顧客在家調製飲品新選擇，以延伸商品價值。

經營老顧客關係，同時拓展新客源

店內開發多元品項後，行銷商品成為重要工事。行銷策略分為維繫老顧客、拓展新客源兩個方向。林思辰說，在維繫回流客，以 Facebook 公布每日販售霜淇淋的口味，搭配 Instagram 呈現店內研發新品的過程，或是店內陳設飾品的小故事，與老顧客建立長期良好關係；拓展新客源方面，透過各報章雜誌報導外，也會至相關市集擺攤、與異業合作，盼藉此增加品牌曝光度，帶動不同客群，讓更多人認識小涼院品牌。

而異業合作有多種方式，林思辰補充，有的是廠商邀請合作研發廠商專屬口味霜淇淋，有的是利用實體店面作為展示功用。她舉例，2020

店內櫃檯以傳統白磁磚為裝飾面材，四面牆面加入珪藻土、麥桿，搭配舊時燈具、仿舊老物件，再打入黃光，以營造出復古感。

由於客座區不大，為了維持座位舒適度，僅有一長桌，供 4 ～ 6 位客人輕鬆、自在地細細品嚐冰品。

年與法國黑魂時尚品牌 BLVCK 合作，以食用竹炭粉製作甜筒、冰體皆為黑色的霜淇淋，為民眾帶來味覺、視覺衝擊；也與網路社群媒體女人迷合作，在店內享用指定茶飲，即能體驗女人迷販售的香氛商品。

當談及是否有拓店或加盟計畫，林思辰表示，未有加盟擴點計畫，僅有「技術授權」以及批發大分量或盒裝霜淇淋，期望透過技術授權，將堅持選用天然、無人工添加物、使用台灣在地食材的態度，以及玩味食材的創意發想，推廣至更多地方。

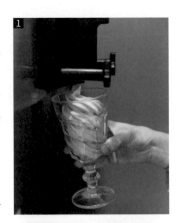

1霜淇淋由台灣在地食材、純手工方式製作，不添加防腐劑等添加物，因此冰體口感較有顆粒感，散發出食材淡淡天然香氣。2蜜漬檸檬為店內一年四季皆受歡迎的飲品，也開發出罐裝包裝，便於客人自行於家中調配飲用。3為了供客人多元品項選擇，也販賣手工自製蕨餅、烤年糕、香酥肉桂卷等甜品。4店家研發罐裝、密封包裝，延續熱紅酒、香料奶茶、蜜漬檸檬、桂花蜜產品價值。

品牌經營

品牌名稱	小涼院霜淇淋專門店
成立年分	2014 年
成立發源地	台灣台北市
首間冰店所在地	台北市大安區
成立資本額	不提供
年度營收	不提供
國內／海外家數佔比	台灣 1 家
直營／加盟家數佔比	直營 1 家
加盟條件／限制	無
加盟金額	無
加盟福利	無

店面營運

店面面積	14 坪
冰品價格	一杯約 NT.130 ～ 160 元
每月銷售額	不提供
總投資	不提供
店租成本	不提供
裝修成本	不提供
人事成本	不提供
空間設計	不提供
明星商品	各式口味霜淇淋

布局拓點計畫

2014 年

成立小涼院霜淇淋專門店

Part 2-4

創意菜單取勝

老喬冰菓室

堅持走不一樣的路，以真正食材製冰

用創意口味顛覆雪花冰印象

「老喬冰菓室」原為雲林縣虎尾鎮的人氣冰店，為了突破傳統，創辦人徐佳筠與先生堅持以真正的食材製冰，兩人不斷鑽研各式水果，開業至今共研發出 20 多種雪花冰體口味，就算 2017 年從雲林搬至台中經營，光顧的人潮依舊絡繹不絕。

將蛋糕口味變成冰品的「提拉米蘇雪花冰」，滋味相當特別。

文__余佩樺　攝影__ Peggy　資料提供__老喬冰菓室

沒有開店經驗的徐佳筠，是跟隨先生的步伐才投入冰店的經營，她談到，先生家中本就在經營麵店生意，從小耳濡目染之下對於餐飲經營不算陌生，婚後兩人也想獨自創業開店，幾經考量下，最終以創意冰店為主。「原先不選擇經營麵店是想擺脫那重油煙又充滿熱氣的環境，沒想到選擇了冰店生意，卻是另一個辛苦的開始⋯⋯」徐佳筠笑著說道。

雖然辛苦，
夫妻倆仍堅持自己製冰

決定賣冰後，徐佳筠和先生兩人開始研究經營的品項，在討論過程中因先生比較偏愛雪花冰綿密鬆軟的口感，於是經營核心就這樣定了下來。也是在研究的過程中發現到，雪花冰所使用的冰磚非清冰，是會依據口味添加不同的配料，因製作上較麻煩，大部分的雪花冰磚為批發或委託製作，「選自批發的冰磚或許方便快速，但多半會添加調味粉去帶出香氣，經人工調味後相對沒有那麼天然，再者口味上也會有所限制，因此才會決定自製冰磚，好將口味、口感控制在自己手中。」徐佳筠說道。

也因為是親手包辦冰磚製作，老喬冰菓室也才能推出有別於其他家的創新口味，與市場做出區隔。因先生愛吃榴槤，正巧那時市場沒有人推出這樣的口味，就

Brand Data

2016 年於雲林縣虎尾鎮開幕，2017 年搬遷至台中市發展，開店至今堅持使用真正的食材製冰，傳遞雪花冰的天然好味道。

營運心法

1️⃣ 自製冰磚加上創新口味，與市場做出區隔。
2️⃣ 從食材選購、水果熟成、到適合料理的時機皆十分講究。
3️⃣ 加入冷熱飲品與主打手工特製湯圓，提供吃冰以外的多樣選擇。

為了尋求更多的發展可能，徐佳筠夫妻倆決定自雲林虎尾搬至台中經營。

入店後右手邊即為點餐區，後方則為廚房製作區，彼此均保有一定的尺度與距離，方便顧客點餐以及人員製作冰品餐點。

擷取東南亞地區常見的榴槤糯米飯來做構思，以榴槤為基底的冰體，再淋上椰香紫米，視覺、味覺一次滿足，征服不少榴槤控的味蕾。另一項以巨峰葡萄與香吉士為主體的雙色雪花冰，同樣以真材實料的水果製作，特別在選自南投信義鄉的巨峰葡萄中，混入清爽香甜的可爾必思，迸出的香氣相當迷人。

然而，老喬冰菓室的冰品之所以讓人難忘，要歸功於使用新鮮水果經過處理而成的雪花冰體口味。兩人從食材選購、水果何時熟成、到適合料理的時機，都十分講究，甚至也會選擇使用友善種植的水果，傳遞美味也善待環境。就像草莓的品種很多，其中「豐香」一直是香氣最經典馥郁的品種，但近年氣候病害關係，栽種愈來愈不容易，市場上少見價格也高。而兩人一直希望大家吃冰除了享受視覺，還要回歸味道的本質，店內選用的草莓不僅為豐香品種，也以友善農法栽種為主，幾乎沒有農藥殘留，讓顧客品嚐美味的同時也能放心食用。

開業至今夫妻倆就堅持走不一樣的路，決定自製冰磚的態度，目前已研發出 20 多種口味，堅持選用當季新鮮食材製作的作法，想吃還得碰運氣，「每年 11 月到隔年 2 月是茂谷柑的產季，但它有時受氣候影響，水果風味略有不同，這時得觀察氣候是否影響茂谷柑的品質，待品質確定才會進貨，當累積到一定的量才製作成冰磚。時令水果的貨源沒了就沒了，若想吃這口味的冰，要等時節也得靠些運氣才行。」徐佳筠補充道。

從雲林轉至台中發展，
人氣依舊不減

　　自製雪花冰磚雖能突破口味限制，但成本也連帶拉高，面對雲林虎尾的市場客群，若要再提升價格，勢必會失去更多的生意機會。幾經考量後，夫妻倆想另尋他處做發展，因先生過去曾在台中唸過書，對當地環境還算熟悉，便決定從雲林搬至台中經營，也尋求更多的發展可能。

　　新的落腳處就位在台中市北屯區崇德六路上，有了過去在虎尾的經驗，新店面的空間設計也更有自己的想法，因自行製冰備料的關係，特別在 1 樓騰出近一半的空間作為廚房料理區，裡頭採取回字型設計，將相關設備沿環境做規劃，操作便利、動線也流暢。另一半則為座位區，秉持揉入原木、綠意、保持通透明亮的作法，讓人能在舒適、無壓的環境下享受吃冰的愉悅。

用餐空間盡可能保持一定的通透度，讓來客者能在明亮的環境下吃冰。

台中新址是一個三角窗店型，夫妻倆委由設計者重新做規劃，添入一些原木元素，讓冰店環境看起來更為溫潤。

來到台中後，店內除了一年四季提供冰品，另也販售一些冷熱飲品，此外還有自家主打的手工特製湯圓，徐佳筠說，湯圓傳承自婆婆的手藝，秉持傳統方法，歷經泡米、磨米、重壓脫水……等步驟製作，湯圓不只能吃到米香，口感也很軟Q。面對堪稱台灣美食重鎮之一的台中饕客，夫妻倆仍持續研發新口味，徐佳筠說有機會就會到各地冰店、甜點店、飲料店等觀摩與學習，回來後再自己重新研發、調整，創造出屬於自家的口味。

徐佳筠談到，雖說冰店進入門檻低，但愈是簡單卻愈不容易做，特別是在人員培育這塊，從訓練到養成其實要花上一段時間，也正因不容易，特別珍惜這一路跟著我們走過來的員工。她說，目前店裡已有4名正職人員，考量到他們的升遷與未來發展，目前已在著手籌備2店，現階段已在裝潢，預計之後就會開幕，予以同仁們發揮的機會，也讓更多人嚐到自家雪花冰的好味道。

除了1樓設有座位區外，2樓亦規劃了座位區，好應付夏天吃冰人潮的需求量。夏天一到1樓連同2樓，共55個座位是可以坐滿的。為了不讓環境太過單調，店家利用一些裝飾做了氛圍的營造。

不僅設計了別緻的名片，也特別製作了圖文搭配的菜單，讓人可以清楚了解每樣冰品的模樣。

品牌經營

品牌名稱	老喬冰菓室
成立年分	2016 年
成立發源地	台灣雲林縣
首間冰店所在地	雲林縣虎尾鎮
成立資本額	不提供
年度營收	不提供
國內／海外家數佔比	台灣 2 家
直營／加盟家數佔比	直營 2 家
加盟條件／限制	無
加盟金額	無
加盟福利	無

店面營運

店面面積	約 40 坪（1 店共 2 層樓）
冰品價格	一碗約 NT.100 ～ 120 元
每月銷售額	不提供
總投資	不提供
店租成本	不提供
裝修成本	不提供
人事成本	不提供
空間設計	不提供
明星商品	目前當季明星商品：阿露絲哈密瓜獨享杯、友善豐香草莓雪花冰、橙酒蜜柑雪花冰

布局拓點計畫

2016 年	2017 年	2021 年
雲林虎尾成立老喬冰菓室 1 店	搬遷至台中市北屯區經營	台中市成立老喬冰菓室 2 店

Part 2-4

創意菜單取勝

金雞母 JINGIMOO

原本是主打薏仁與奶酪的甜品店，因夏季推出的燒冰刨冰在 Instagram 上爆紅而打響名氣，意外被定義為冰品店，「金雞母 JINGIMOO」也順勢再研發了更多冰款，加入台北永康商圈名店之一。經過 2020 年的洗練，永康店以「甜品 Café」定位改裝轉身，以更舒適悠閒的空間氛圍，提供深受顧客喜愛的刨冰產品之外，還有甜點杯、鬆餅與飲品更豐富選項。

因創意刨冰爆紅的甜品店

桌邊服務、IP 聯名創造話題

（左圖）燒冰抹茶、燒冰芝麻蓬鬆綿軟入味的冰體蓋上一層糖，上桌後用噴槍加熱至焦糖化，搭配客家湯圓 Q 彈，口感豐富。（右圖）冰品甜點的餐期集中在下午，為了經營前後時段，另開發出輕食飲品餐點，吃飽吃巧都合適。

文＿楊宜倩　攝影＿ Amily　資料暨圖片提供＿金雞母 JINGIMOO

近年永康商圈成為國內外觀光客必訪的景點，但要在這個一級戰區取得一席之地，除了差異化特色之外，也需要一些契機。由三位設計背景合夥人創立的金雞母 JINGIMOO，一位擔當產品研發，一位負責店務營運管理，楊舒帆則是對外協調聯繫、行銷公關的窗口。從事工業設計常常在毫釐之間微調難有突破，因此毅然轉換跑道至台中知名法式餐廳樂沐做學徒，從基本功一一學起，法餐相當重視醬汁與甜點，在累積了一段時間之後，便思考下一步要往哪去。法式餐廳的創業門檻高，2016～2017 年那段時間，他們注意到甜品小店的崛起，決定從甜品店切入創業，2017 年 3 月在台北市東門捷運站外圍開了第一家金雞母 JINGIMOO。

產品研發遇瓶頸，
走訪食材產地得靈感

在研發冰品時，他們研究了日式刨冰與台式冰品的特色和市場，他們發現在日本日式刨冰會附上吸管，冰融化了就當飲料喝，和台灣冰融化了料吃完就放著的吃法不同，便與之前學習的法餐醬汁連結開發出可以「全部吃完的冰」，中途可加入另一種醬料，搭配當季鮮果及自製配料，創造一道冰品多元滋味的體驗。

金雞母 JINGIMOO 合夥人之一楊舒帆，主要負責對外協調聯繫工作。

Brand Data

金雞母 JINGIMOO 為一間甜點刨冰專門店，運用各種台灣食材與獨特技法，創作出美與味兼具的甜品與冰品，不定期推出新產品，讓客人能在不同季節品嚐當季甜點。

營運心法

1️⃣ 參與市集活動並與其他 IP 聯名合作，開發市集限定的產品。
2️⃣ 建構 SOP，以維持產品呈現的穩定度。
3️⃣ 制定年度計劃依季度規劃執行，讓研發團隊有充裕準備新品時間，也讓行銷端能準時開跑活動。

金雞母 JINGIMOO 永康店鬧中
取靜，以木格柵、布簾與植栽打
造慢步調悠閒的空間氣氛。

　　由於是設計背景，在擺盤呈現上格外講究，而且冰不是堆疊出高度
與造型就好，還需控制冰的鬆緊紮實，因為淋醬的份量是固定的，偶爾客
人反映今天的味道比較淡，他們回頭檢討才發現問題，加強負責刨冰同仁
的教育訓練。而拜網路力量爆紅之後，排隊人潮帶來出餐營運壓力，又
因緣際會開了二店，為了持續吸引顧客與維持新鮮感，過程曾多次出現瓶
頸，這時團隊就會出外考察，實際走訪台灣各個食材產地，去阿里山看野
生愛玉生長的環境，聽農人分享栽種的故事，打開原本只看到終端食材的
眼界，能更完整的發想每一道新品的內涵與呈現。

放下菜單被模仿的結，
持續開發往前走

　　一個產品爆紅，群起效尤是常態，員工學成出去開店也是人之常情，
楊舒帆提到最讓團隊傷心的是，離職員工將團隊一起苦心研發的菜單照本
宣科複製，沒有再加入自己的想法做任何調整」，對於過去從事設計工作
的三人來說，認為此風不可長，經過一段時間沉潛思考，決定採取相關法
律行動，並在官方 Facebook 與 Instagram 發文澄清，經過這個事件，讓團
隊更加確立要持續往前、走在前面的態度。

在 2018 年下旬開的永康店空間比東門店寬敞，當時除了希望分散東門店的排隊壓力之外，也希望開發出高 CP 且精緻的產品線，經過近兩年時間發覺還是定位不清，於是利用疫情期間重新思考轉型，少了永康街國外觀光客的期間，金雞母 JINGIMOO 也參與了市集活動並與其他 IP 聯名合作，針對市集邊走邊吃的特性，開發市集限定的產品，更發揮工業設計專長設計了方便食用又能美美呈盤的外帶碗，還為它申請了專利；也期待透過市集與 IP 聯名曝光，擴大品牌的各區圈層能見度。

朝甜品刨冰 Café 轉型，
有計劃推出新品

開店創業邁向第四年，又經過疫情的洗禮，有賴一群熟客的支持與口碑宣傳，2020 年下旬盤點店務經營時，首要之務是讓店務穩定並建構 SOP，以維持產品呈現的穩定度，由於店內餐點特色是桌邊服務，不論是現擠鮮奶油

以吧檯區隔作業出與顧客使用區域，並利用花磚點綴立面、吊燈款式分區方式豐富空間表情。

將品牌識別融入外觀設計，金屬凸字招牌搭配紅色布簾、玻璃貼字及活動三角看板，路過就能閱讀品牌想傳達的訊息。

或是噴槍燒冰等，對店員來說一天要重複操作數十次，但對前來品嚐的顧客是充滿期待的一次，如何讓操作的確實度與顧客的期望質匹配，對於顧客現場或網路留言的意見回饋，都相當重視並謹慎看待，同時回頭思考改進教育訓練。過去研發端與行銷端溝通不夠密切，未來也更凝聚共識，制定年度計劃依季度規劃執行，讓研發團隊有充裕準備新品時間，也讓行銷端能準時開跑活動。雖然暫時還迎不回國外觀光客，金雞母 JINGIMOO 透過 IP 聯名、每季新品持續曝光，將甜品創業之路走得更遠更長。

菜單分類大項清楚，方便顧客
選擇、點餐。

[1]現場桌邊服務增加顧客記憶點，也是可以讓顧客可以向他人分享的體驗。[2]針對高雄「呷涼祭」市集活動開發的外帶包裝盒，特別申請專利，抹茶燒冰也能帶著吃。

品牌經營

品牌名稱	金雞母 JINGIMOO
成立年分	2017 年
成立發源地	台灣台北市
首間冰店所在地	台北市大安區
成立資本額	約 NT.200 萬元（永康店）
年度營收	不提供
國內／海外家數佔比	台灣 2 家
直營／加盟家數佔比	直營 2 家
加盟條件／限制	無
加盟金額	無
加盟福利	無

店面營運

店面面積	20 坪（永康店）
冰品價格	NT.120 ～ 280 元
每月銷售額	不提供
總投資	NT.200 萬元
店租成本	不提供
裝修成本	設計裝修 NT.60 ～ 70 萬元
人事成本	佔營收 3 成
空間設計	由合夥人之一進行規劃
明星商品	冰的浪漫祝福（蛋糕冰）、燒冰

布局拓點計畫

2017 年	2019 年	2020 年
東門店開幕	永康店開幕	永康店改裝

**Part
2-4**

**創意菜單
取勝**

清水堂

打開網路搜尋台南冰店，大家爭相推薦的就是「清水堂」，以愛玉冰專賣為主打，看似無厘頭的推出加啤酒、加彈珠汽水的創意吃法，獲得客人們喜愛，也吸引許多觀光人潮，不只如此，也因為老闆陳永霖常常研發各式冰品，如燒蕃薯冰、番茄蜜餞冰等，有新鮮感、好吃也好拍，讓他只要一推新品就造成話題與排隊人潮。

最狂冰店封號稱霸台南
全台獨創愛玉冰三吃與多種獨創口味

清水堂的招牌愛玉冰最特別的就是獨創多種吃法，第一吃是原味、第二吃可加汽水可樂，第三吃還可加啤酒，讓客人戲稱是一碗愈吃愈多的愛玉冰。

文＿許嘉芬　攝影＿曾信耀　資料提供＿清水堂

每每開店總是大排長龍，吸引大家爭相品嚐的台南人氣冰店清水堂，以獨創的愛玉加啤酒、汽水吃法，加上老闆陳永霖經常研發獨家特色冰品口味，更有「最狂冰店」的稱號，每當推出新品就有一群忠實粉絲追隨。

用一年鑽研刨冰糖水，
從攤車到成立店面

其實陳永霖本來是一位木工師傅，年輕時愛逛夜市，剛好表哥就在夜市賣愛玉冰，人潮絡繹不絕，每個客人開心地吃著愛玉冰的模樣讓他印象深刻，於是和女友郁婷說好等她畢業一起開間「歡樂的愛玉冰」，殊不知郁婷突然得了罕見疾病離世，也更讓他堅定要完成倆人的創業夢想，做出最好吃的愛玉冰。他邊做木工邊研究愛玉，陳永霖說，真正厲害的愛玉不是如何手洗出軟Q的愛玉凍，「糖」才是主要靈魂，他吃遍厲害的台南傳統冰店，發現關鍵在於糖水，結果他花了新台幣 2 萬元買糖、一頭埋入糖的領域，試過各式各樣的糖，也因在此時看到一本關於分子理論的書籍，讓他摸索出煮糖的火侯控制、水的比例等，最終在 1 年後做出心中最佳的糖水，開始了愛玉冰的攤車創業之路。

清水堂創辦人陳永霖，從木工師傅到創業賣冰品，講話風趣幽默，也很重視服務細節，經常能與客人打成一片甚至變成朋友。

Brand Data

從攤車到創立店面約 6 年的經營，老闆陳永霖從木工跨入愛玉冰的世界，自行研發糖水比例，加上獨創的愛玉冰三吃，以及各式各樣顛覆傳統的水果與愛玉搭配，在台南已有愛玉天王、最狂冰店等封號。

營運心法

1 獨創愛玉吃三吃，原味、汽水可樂與啤酒，創造話題與人氣。
2 顛覆既定食材的冰品搭配概念，端出大家意想不到的創意冰品。
3 維持與客人的互動，加冰、新品試吃等服務，留住客人的心。

清水堂 3.0 旗艦店的騎樓前還擺著陳永霖從創業一開始所用的攤車，提醒自己保有做一碗歡樂愛玉冰的初衷，未來他更計畫推著攤車至台北 101，為逝去的愛情圓夢。

攤車時期約莫維持半年，成績並不如預期，有時候甚至 1 天只賣出 10 杯，後來陳永霖轉而採行動販售拓點至神農街，逐漸穩定後日營業額約在 600 杯左右，沒想到碰上氣候轉涼，生意又慢慢走下坡，他心一橫暫時將攤車結束，決定增加品項開始鑽研芋頭、紅豆食材，甚至找主廚學牛肉湯，看似穩當的作戰計劃，在他重新選擇於西門開店後反倒更慘烈，為了堅持創業夢想，陳永霖只好白天做木工來貼補晚上賣愛玉，就在某個約朋友烤肉的夜晚，大家打趣著說這麼好吃的愛玉，若是加啤酒不知道口味如何？讓陳永霖靈光一現，有了加汽水、可樂的創意吃法，「無極限的吃法，大家吃著吃著就很歡樂，才驚覺這就是我想要做的愛玉冰，」陳永霖說道，隨後也因緣際會遇上知名部落客發文推播，慢慢打開清水堂名聲。

創新多樣水果愛玉冰、
古早味刨冰擄獲人心

從愛玉冰的創意三吃後，陳永霖開始研發獨特的口味，嘗試讓更多大家意想不到的水果搭配愛玉冰，譬如：荔枝葡萄愛玉冰、龍眼珍珠愛玉、水蜜桃荔枝愛玉、麝香葡萄愛玉等等，也曾經推出金箔抹茶愛玉，而當許多甜點冰店搶著做草莓冰的時候，陳永霖心想，一碗草莓冰要拍大很簡單，但實際上大部分店家做出來的草莓冰是小小一碗，「身為台南人做出來的肯定不能輸、要有氣勢」，於是他突發其想找來超大鍋子做出「巨無霸草

莓鍋」，最後再擺上一顆台南辦桌最後都會出現的大布丁，足足是一般草莓冰的四倍大，每天採限量供應。採訪當日，正好碰上陳永霖即將推出新品－番茄愛玉冰，是他和夥伴娟娟逛夜市的靈感來源，過去大家就是單純吃番茄蜜餞，陳永霖熱愛古早味，想著不如把番茄蜜餞加入愛玉冰內，也特別選用當季最甜、皮薄多汁的黃金 416 品種，加上傳統鹹酸甜，多了豐富的層次口感。古早味冰品的另一個創新還包括燒蕃薯冰，先將地瓜熬煮打成泥再撒上糖粉，採現點現炙燒的方式上桌，綿密的地瓜泥搭上溫熱的焦糖，推出後同樣受到喜愛。從顛覆既定食材的搭配脈絡思考冰品，讓陳永霖每次於臉書公告新品推出後，清水堂就開始湧現排隊人潮。

期許做深而不是做大，
維持服務品質

　　陳永霖的經營模式看在外人眼裡也十分獨特，他對於自己熬煮芋頭做芋泥的功力相當自豪，但不論是芋頭或是其他水果，只要品質不好他就立刻停賣，堅持讓客人吃到最好的冰品才會上市，甚至於天氣太冷，陳永霖也不賣，「太冷不想要大家出門啦！這樣不好！」親切又靦腆的他笑著說。也是因著這股對客人如朋友般的對待，清水堂的

搬遷至中正路上的清水堂旗艦店，內用座位約 26 個，店鋪裝潢全都由老闆陳永霖一手包辦，憑藉過去木工師傅經驗打造而成，搭配水晶吊燈、大理石紋桌面，吃冰也可以很時尚。

古早味刨冰系列都是老闆陳永霖以刀鏟慢慢剉出碎冰，比起刨冰機的冰體會更有口感一點，冰塊固定的方式、保冰方法也都是陳永霖自己 DIY 完成。

臉書全由陳永霖自行貼文，還會常常與粉絲互動，陳永霖認為清水堂最重要還是必須維持服務，不論是他或夥伴們只要空擋就會和客人聊上幾句或是幫客人加冰、加汽水、招待尚未推出的新品試吃等，所以有時候客人太多他也不見得開心。

　　對於未來發展，隨著清水堂品牌做大後，確實也不少人想找他加盟或是開分店，但他一一回絕，「複製太多拓展太快反而會讓品牌消耗，我希望自己是把冰品做深而不是做大。」陳永霖說，也期望透過清水堂品牌的力量，讓全世界都認識台灣的愛玉、而非稱作果凍。

① 從夜市番茄蜜餞所發想到的番茄愛玉冰，是這一季陳永霖想到的新冰品，特別使用甜度高、皮薄多汁的黃金 416 番茄品種，搭配精選的古早味蜜餞，與清爽的愛玉十分對味。② 清水堂季節限定的草莓芋見你，其中手工熬煮的芋頭綿密香甜，配上帶點微酸口感的草莓正好予以中和，彼此味道突出不互搶。

品牌經營

品牌名稱	清水堂
成立年分	2011 年
成立發源地	台灣台南市
首間冰店所在地	台南市中西區
成立資本額	約 NT.10 萬元（攤車時期）
年度營收	不提供
國內／海外家數佔比	台灣 1 家
直營／加盟家數佔比	直營 1 家
加盟條件／限制	無
加盟金額	無
加盟福利	無

店面營運

店面面積	20 坪
冰品價格	每份約 NT.100～260 元（瘋狂草莓賓士鍋為 NT.650 元）
每月銷售額	不提供
總投資	不提供
店租成本	NT.1 萬 8 千元
裝修成本	不提供
人事成本	不提供
空間設計	店主自行規劃
明星商品	招牌愛玉冰、草莓芋見泥

布局拓點計畫

2011 年	2014 年	2020 年 6 月
創始攤位位於台南海安路與保安路口	搬遷至西門路	中正旗艦店開幕

Part 2-4

創意菜單取勝

小白屋簡約清新文青風

復刻創意刨冰麵茶爆米香新滋味

貨室甜品

「貨室甜品」於 2018 年 5 月下旬試營運，開店不到 2 個月，快速在社群媒體上竄紅，成為 Instagram 爆紅冰品店，未正式營運即吸引主流媒體爭相報導，2019 年甚至受到台北市觀傳局邀請，將復刻又具創意的麵茶、爆米香古早味刨冰，帶入泰國。

店內銷售最好的「貨室招牌刨冰」，最大的特色是淋上自製的花生醬、精選的麵茶粉與爆米香，挖一匙刨冰入口後，花生香氣四溢、甜而不膩。

文＿賴彥竹　攝影＿江建勳　資料暨圖片提供＿貨室甜品

　　開店當年僅 28 歲的老闆陳韋安，原為電機公司業務員，過去也曾進入電視台擔任記者、編輯，但心中一直存有開業念頭，想當自營者，隨著資金存款到位、生涯規劃，即使沒有餐飲業、管理相關背景，也想放手一搏、勇敢一次，嘗試開一間自己最喜歡吃的台式冰品店。

　　回憶創業歷程，陳韋安說，當時約準備 1 年半才正式開店，先是上網自學開店基本概念，了解租金與人事成本佔比、地段選擇策略、損益報表等，再至全台各地考察，列出可開發的餐點品項，再尋找原物料廠商，挑選出以天然食材製作的食品，同時考量原物料庫存成本與每項餐點配料間的平衡，最後設計、搭配出自己最喜歡、滿意的餐點。

嚴選台灣食材，
自製花生醬

　　陳韋安以店內銷售最佳的貨室招牌刨冰為例，最大的特色是在刨冰淋上自製、堅持不添加乳製品、防腐劑的花生醬，再灑上以杏仁穀磨成粉的麵茶粉，並淋上煉乳提味，單吃冰即有多種風味，濃濃的花生醬自然地與到冰巧妙結合，入口即在舌尖上四散濃郁香氣，麵茶粉與煉乳也交織出甜而不膩的清爽。

貨室甜品老闆陳韋安，將自身兒時記憶中，熟悉的傳統好味道，加入現代所學，創造出復刻又美味的台式甜品。

Brand Data

貨室甜品以復刻創新冰甜品，成為 Instagram 上爆紅熱門店。2019 年受台北市觀傳局邀請，赴泰國宣傳台北特色店家，致力推廣本地、外國客人，孩時記憶中最熟悉傳統的好味道，加入現代創意巧思，延續、傳承台式口味甜品。

營運心法

1 從食材挑選到冰品視覺顏色搭配皆下足功夫，好吃創新又好看。
2 簡單 LOGO 圖形，勾勒出精緻冰品的品牌形象。
3 把空間當作產品之一，明亮舒適的全白木質基調，吸引大眾目光。

位在台北中山、雙連捷運站之間的貨室甜品，店面外觀以白色為主色調，格外引人注目。

店內臨窗客座區，用餐桌同樣選用白色，讓整體空間調性更為一致。

　　碗邊的配料也是豐富飽滿，陳韋安特別挑選以純糯米製作的白玉湯圓，讓客人吃到的每顆湯圓皆有糯米的甜味、Q彈的嚼勁，也選用澱粉成分較少的芋圓地瓜圓，入口咀嚼後能吃到芋頭顆粒、地瓜味，蜜紅豆則挑選大粒又飽滿的紅豆，調製時注重紅豆口感，讓每顆紅豆粒粒分明，最後搭配古早味「爆米香」，增加酥脆口感，但也有別於傳統，精選無糖小麥製作的爆米香。

　　陳韋安補充，設計餐點時，在視覺呈現上也下足了工夫，著重顏色搭配。像是店內最粉嫩的冰品「玫瑰奶茶冰」，淋上自製的玫瑰醬，主視覺為玫瑰天然淡粉色，因此挑選色澤剔透手工自製的蒟蒻、小巧白皙的薏仁，期望客人享用創新古早味冰品時，視覺上也是一場饗宴。

精緻化台灣傳統味，
與市場芒果冰區隔

　　在完成餐點設計後，即進入品牌形象、店名、Logo 設計階段。陳韋安說，自己是台灣土生土長的孩子，長大後有機會到國外看看，發現台灣古早味甜點，不見得會輸給國外甜品，因此決議將自身見聞的新元素，融入古早味中，創造出有別於市面上常見的芒果冰、日式冰，精緻化的傳統台灣味。

　　店面經營即朝向精緻化傳統台灣味發展，店名為貨室甜品，「貨室」即是

借用古文意旨富戶、有錢人家之意，期望客人踏入店後，能享用有錢人家豐盛的甜品，同時也具有諧音「或是」之意，傳達來店裡能「來吃冰，或是甜品」。Logo 則是延續台灣與日本文化的連結，請設計公司設計，採用日本家徽概念，以簡單的圖形，勾勒出精緻冰品的品牌形象。

空間感受也是產品，
全白木質舒適明亮

店面外觀以白色為主色調，簡潔兩面落地玻璃窗，在黑色柏油路上，顯得格外引人注目。踏入店內，牆面、桌面、高腳椅也皆為白色，地板、吧檯、臨窗座椅，則以淺色木質為視覺表現，給人一種簡約、清新的舒適感。

陳韋安表示，經營店面，販售的產品不僅只有好吃的餐點，當消費者經過、走入店面，所有的視覺、嗅覺、舒適感、明亮度等，都是販售的產品。他也期許，未來有機會將有擴店計畫，或朝向國際化方向發展，藉此將復刻創意的味道，帶給更多本地人、外國人的舌尖上。

店內牆面、吧檯高腳椅，延續店外白色系調，吧檯選用淺色木質，再擺上生氣勃勃的植栽，給人清新、簡約的舒適感。

①店內最粉嫩的「玫瑰奶茶冰」，淋上自製玫瑰醬、奶茶醬，天然玫瑰淺粉色澤、飄散淡淡花香，搭配手工蒟蒻、薏仁，成為夢幻系美容冰品。②冬季限定販售的熱紅酒，特別加入肉桂、丁香、橙皮等香料提味，一口熱紅酒、一口台灣純糯米製作的白玉湯圓，為一組結合歐式、台式風味的甜品。③冰品店在冬季淡季時，販售「焙茶提拉米蘇」、自製花茶「薄荷企劃」與「玉桂草語」，其中玉桂草語更選用台灣本土肉桂葉，飄散淡淡肉桂香氣。

品牌經營

品牌名稱	貨室甜品
成立年分	2018 年
成立發源地	台灣台北市
首間冰店所在地	台北市大同區
成立資本額	NT.150 萬元
年度營收	不提供
國內／海外家數佔比	台灣 1 家
直營／加盟家數佔比	直營 1 家
加盟條件／限制	無
加盟金額	無
加盟福利	無

店面營運

店面面積	8 坪
冰品價格	一碗約 NT.120 元
每月銷售額	不提供
總投資	NT.100 萬元
店租成本	約為固定成本的 2 成
裝修成本	NT.80 萬元
人事成本	NT.10 萬元
空間設計	店主自行規劃
明星商品	貨室招牌刨冰、玫瑰奶茶冰、古早味蜂蜜麵茶冰

布局拓點計畫

2018 年

貨室甜品正式開幕

Part 2-4

創意菜單取勝

晴子冰室

身為「晴子冰室」老闆之一的陳頌佳（佳佳），從小就愛吃冰，一直期望能開間冰店的她，因緣際會下等到了現在這個空間，以日本漫畫《灌籃高手》裡的赤木晴子命名，並成立了冰店，雖說賣的日式刨冰，裡頭卻充滿著一些台式趣味，讓吃冰既不無聊，還能在過程中遇見層層驚喜。

日式刨冰裡有著一點台式趣味 在吃冰的過程裡遇見層層驚喜

名為「爬不起來看日出」是 2021 年元旦所推出的限定月見冰品，一開始可以先吃到生蛋黃，再慢慢往下則能吃到玉子燒。

文__余佩樺　攝影__ Amily　資料提供__晴子冰室

陳頌佳笑說，自己和家人很愛吃冰，喜歡到就連冬天也會嗑上一碗，正因為這樣，一直都有著開冰店的夢想。偶然機會下，碰上目前店鋪釋出招租，位置又與哥哥陳頌成所經營的「好初早餐」相鄰近，考量之後，便與哥哥及另一位友人一同開了這間日式刨冰店。

日本靈魂背後藏著濃濃台灣味

談到店名的由來，陳頌佳談到，因其中一位老闆非常愛看漫畫，再加上自己與哥哥都屬 7 年級生，便以《灌籃高手》中大家所熟悉的「赤木晴子」角色命名，「《灌籃高手》是一個時代的象徵，相信只要談起，對 7、8 年級的人來說鐵定印象深刻，雖說這是日本漫畫，但卻也是許多台灣人共同的回憶，便以此來命名。」

從漫畫角色找到了共鳴，在空間設計上自然也從漫畫盛行年代的流行元素出發。陳頌佳說，那個時期的台灣相當哈日，因此陳頌成在規劃整個空間的設計時，除了台灣的復古元素，也揉入些許的日本味，營造出有點日式但其實很台式的氛圍。店門口明亮的前庭，利用 3 個圓勾勒出木窗櫺造型，設計者希望用簡單語彙讓人留下對晴子冰室的印象。轉而進入室內，會先看到以綠色磁磚構成的開放式廚房，接著則是以藍綠色、白色牆面為主的座位區，牆上掛了復古海報，也搭上了不同樣式

Brand Data

晴子冰室是以日本漫畫《灌籃高手》裡的角色命名，店內主打日式刨冰，冰品食材部分取自日本、部分則來自台灣在地，用創意讓日式冰裡有著些許的台式趣味。

營運心法

1 用「創作」概念，將食材加以混搭，研發獨有品項與口味，吃冰過程有層層驚喜。

2 增設熱甜湯、雞蛋糕品項，並帶入跨界合作，讓空間維持一定人氣。

3 參與市集打開知名度，推出市集限定款冰品，把自家冰品推廣出去。

設計者利圓勾勒出木窗櫺造型，底
下搭配綠色小方磚，試圖用設計找
回過往的時髦感。

的桌椅，同時還撥放了復古年代的歌曲，好讓大家來享用冰品時，能有更完
整的感官體驗。

冰品到命名，
充滿意想不到的「哏」

　　既然決定做日式刨冰，陳頌佳和團隊花了許多時間做研究，像是日式冰
講究的是冰體本身，她就特別選用日本初雪刨冰機將冰刨得不只細緻口感還
很鬆軟綿密；然而銷售對象是國人，大家吃冰習慣連同配料一起食用，如何
讓日式、台式吃冰品的精神做結合，變得很重要；再者，她也知道吃東西最
怕無聊，因此會去構想如何能讓刨冰吃到最後一刻都是驚喜。一碗碗圓滾滾
的刨冰她會分 3 層來製作，先是底層會有層冰與糖水，第二層放第一次的料
後再疊上冰，接著再放另一次料，做最後一次的疊冰與塑型，而後才是放上
裝飾。「分層製作也許耗時，但這樣反而能讓人每挖一口冰時吃到不同驚喜，
且口感也更具層次。」

　　店內冰品口味幾乎都由陳頌佳發想，開設冰店之前，她原先在新店開設
「路佳雞蛋糕」，經營雞蛋糕時期就一直在做口味上的突破，延續到冰店的
經營，她也開始進行冰品的「創作」，將食材加以混搭，研發出自家店獨有
的品項與口味。像是「妳有一顆草莓的心」裡頭放的是蜂蜜蛋糕，被草莓籽

鮮奶油包覆藏在冰裡，宛如甜點一般，最外層則淋上手作草莓醬，最後再擠上草莓鮮奶油放上糖漬草莓；而「那個水瓶座的抹茶叔叔」更是一絕，不以搭配白玉湯圓的方式呈現，改在冰品上桌時附上 1 杯肉鬆，濃郁茶香不會太甜，再搭配帶有淡淡鹹味的肉鬆，解膩效果讓人可以一吃再吃，吃過的人都讚不絕口；「你的個性像是個芋頭」亦是，芋泥淋醬還搭著鹹蛋黃醬，鹹蛋黃中和了芋泥的甜，讓不少人驚豔又喜歡。

積極推廣 B 級美食的好滋味

晴子冰室座落於新北市板橋，陳頌佳觀察來店客人除了一般年輕族群，另也有長輩會帶著孫子小孩來光顧，考量長者飲食需求，除了冰品也增設熱甜湯、雞蛋糕等品項，讓來店消費時能有不同的選擇。她不諱言，冰店經營其實是看天吃飯，天氣愈熱銷售愈佳，一旦碰上氣溫轉涼，銷售多少就會受到影響。對此，她也在經營上做了些調整，在冬季時她會增加多一點的銷售品項，新增適合冬天喝的湯品、飲品，像是「乍暖花鮮紫米甜湯」、「晴子下班喝熱紅酒」等，也推出所謂的微冰品，即冰量比較少的冰品，如「愛戀天使聖代」、「草莓百分百」等，適合喜愛冰分量少的愛好者。除了從產品切入，她也正籌劃與畫家合作舉辦「偷喵你一下，壓克力體驗課」，藉由跨界合作，讓大家在店裡一邊學畫一邊吃冰，同時也讓空間維持一定的人氣。

以綠色磁磚構成的開放式廚房，讓人能清楚看到刨冰製作的過程。

晴子冰室成立至今將步入第二年，雖說在網路已小有知名度，但如何讓品牌被更多人看見，仍是陳頌佳與團隊一直在努力的事。2020 年就不斷透過參與市集活動打開知名度，接下來也將持續勤跑市集，藉由擺攤推出市集限定冰品、飲品、甜品等，把 B 級美食的好滋味推廣給更多人知道。

因應外帶需求，陳頌佳特別找到適合外帶的裝置盒來盛裝冰品，讓無法親臨店內的愛冰者也能品嚐到店內的冰品。

藍綠牆面再搭配台式復古桌椅，彷彿能一秒即抵達過往。

陳頌佳委託設計者設計的菜單、名片，不只帶有復古懷舊味道，也特別利用跳色加深視覺印象。

座位區間加入隔屏，塑造出宛如包廂的感覺，讓人能更自在地吃冰。

品牌經營

品牌名稱	晴子冰室
成立年分	2019 年
成立發源地	台灣台北
首間冰店所在地	新北市板橋區
成立資本額	NT.100 萬元
年度營收	NT.400 萬元
國內／海外家數佔比	台灣 1 家
直營／加盟家數佔比	直營 1 家
加盟條件／限制	無
加盟金額	無
加盟福利	無

店面營運

店面面積	25 坪
冰品價格	平均一碗約 NT.150 元
每月銷售額	約 NT.30 萬元
總投資	NT.100 萬元
店租成本	不提供
裝修成本	NT.80 萬元
人事成本	NT.8 萬元
空間設計	店主自行規劃
明星商品	妳有一個草莓的心

布局拓點計畫

2019 年

成立晴子冰室

創業開店是不少人的夢想，Chapter 03
「甜品冰店的 經營策略」將開店過程中
重要的項目，加以條列、歸納 做說明，
作為創業新手開店的一個參考依據。

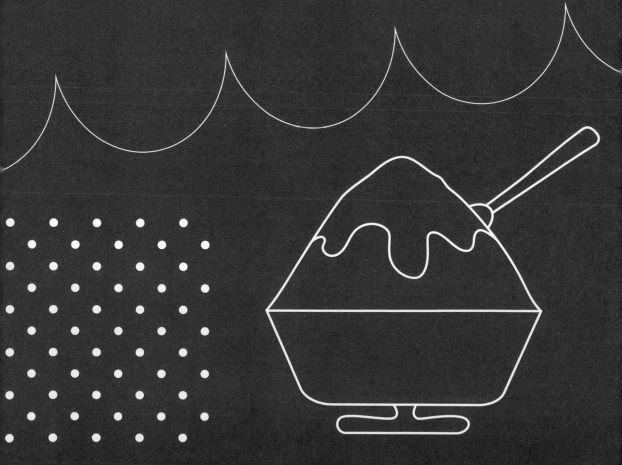

Chapter

03

甜品冰店
的經營策略

甜品冰店
開店計畫

創業開店一直是許多人的夢想，本章節將開設甜品冰店過程中重要項目，逐一列點並歸納說明，以 Step by Step 方式，讓創業者有方向地邁向開業之路。

Step 1 確立想要投入的冰品類型（刨冰、雪花冰、冰淇淋）

Step 2 冰品製作技術學習（自行摸索做功課、設備商課程）

Step 3 確定品牌定位、設計冰品品項

Step 4 計算設備成本、房租成本等資金需求

Step 5 尋找適合店面

Step 6 根據設備動線、客席數比例做空間規劃

Step 7 冰店完成！

資料提供＿安傑洛企業有限公司、佳敏企業有限公司、舌尖上的攝影師 Nick、林居工作室 Ada

Plan 01
品 牌 定 位

`# 差異化`　`# 產品連結`　`# 品牌分眾設定`

決定好要開一間冰店後，先思考想做出什麼樣的品牌定位，譬如是親民、高端路線，或是想主打健康路線，這些都會牽涉到後續店面的氛圍，以及冰品品項的設計。

- -

▶ 從產品化差異建立品牌形象

　　以台中發跡的「八時神仙草」為例，品牌創立之初即希望能以不添加鹼的仙草熬煮方式為主軸，顛覆大眾對仙草廉價認知，加上明亮舒適的用餐空間，精緻化仙草用餐體驗，藉此提升台灣傳統食品價值。

「八時神仙草」創立之初，選擇主打仙草、以不加鹼的方式熬煮，拉出與市場同質商品的競爭性。

攝影＿江建勳

▶ 與周邊餐飲類型做冰品連結

　　冰品經營上想做出特色，可從其他餐飲類別找出連結性，像是「昭和冰室」因其中 1 位合夥人從事進口酒品的業務，不只賣冰也賣酒，同時也把冰結合酒，某部分也與店的精神相扣合，並以昭和年代的二手老件形塑出迷人的氛圍。

▶ 拉出品牌分眾差異化，建構明確發展路線

　　在冰品小眾市場中，又要能做出分眾品牌著實不簡單，舉「蜷尾家甘味処」創辦人李豫與「Double V」主理人陳謙璿（Willson）為例，兩位皆創立雙冰品品牌，「蜷尾家甘味処」定義在散步甜食、邊走邊吃，另外「NINAO Gelato」則較為高端，空間氛圍的營造上也截然不同。「Double V」則是整個以輕鬆、自在，用色繽紛活潑，定位於親民價格，對比於「Deux Doux Crèmerie, Pâtisserie & Café」的精緻高雅與甜點冰品化的概念，拉出品牌間的受眾差異。

圖片提供＿蜷尾家

蜷尾家創辦人李豫當初選擇頂讓下正興街的小店鋪，看準週邊散步人潮加上霜淇淋可邊走邊吃，且周邊商圈並無霜淇淋冰品可選擇，成功做出口碑。

Plan 02
店鋪選址

 # 商圈集市 **# 環境特色**

選擇店面除了從現有資金去做評估之外,住商混合區觸及的客群較廣,純商圈型態的店鋪,也會具有某種程度的集市效應,或是從自身熟悉環境出發,亦是一種選址概念。

▶ 店面設置於住商混合區,觸及更多客群

例如泰國來的「奇維奇娃 cheevit cheeva」,選擇設置店面在住商混合區,並非單一住宅區、學區、商業區,而是介於這三者間的地點,就是希望能觸及到更多的客群,會有下課後爸媽帶著孩子來吃碗冰解渴,或是上班族晚上與朋友聚會後的飯後甜點選擇。

「奇維奇娃」選擇於住商混合區設置店面,就是希望將客群擴大。

攝影＿江建勳

▶ 以商圈為主，彼此互補創造集市效應

冰品多半是屬於飯後甜食的一部分，Willson 建議創業者尋找店面時，可往商圈做發展考量，先不論商圈的大小型態，若周遭有早午餐店、小吃店等類型，彼此也會帶動人潮，比起默默獨立經營，更能產生集市效果。

▶ 從熟悉環境出發，結合環境特色

位於新北市淡水的「朝日夫婦」，選擇回到自己家鄉淡水開店，並因著面海的環境優勢下，以木質裝潢、日式小物創造濃濃的日本味。

▶ 找到自家品牌的賣點，建立口碑創鐵粉

冰淇淋產業相當特別，店鋪可大可小，既可以是逾百坪的店面，也可以是個販售外帶的窗口，店面大小僅一台冰淇淋展示櫃的寬度；店鋪所在地可以是東區一級戰區，亦可在非主流戰區。安傑洛企業有限公司老闆劉威廉說，義式冰淇淋店重點不在店要多大多小的空間，也不在於它要開在何處，重點在於經營者對本身對這間店的經營藍圖與創意，店鋪有讓人驚艷的想法，自然有其賣點，便能吸引消費者前來品嚐，產品嚴格把關、做得好吃，自然也就能做出口碑。

經營者一定要對自家店有目標藍圖與創意，並讓店鋪有驚艷的想法，以特色與賣點吸引消費者目光，才能吸引他們上門光顧。

圖片提供＿安傑洛企業有限公司

Plan 03
資金配置

#思考設備配置　#簡易裝潢

冰品技術門檻低，經常是許多創業者投入的選擇，但其實設備支出會根據冰的類型有所不同，若資金有限又偏偏想投入義式冰淇淋，約莫需花數十萬費用，或許可從刨冰或雪花冰切入冰品市場。

- -

▶ 刨冰、雪花冰、冰淇淋機設備價位落差大

冰品種類使用的設備，價位高低落差大。以日式刨冰為例，市場上較多創業者選用的日本初雪品牌，1 台售價約 NT.3 ～ 5 萬元左右不等，便宜的雪花冰機不到 NT.2 萬元也可以買得到，但假如想投入義式冰淇淋，綠皮開心果執行長 James 表示，至少需包含冰淇淋機、展示櫃、急速冷凍櫃與均質機，大約需要 NT.300 萬元不等。

▶ 以最基本設備配置測試冰品市場為切入

假如是既有咖啡館想試著投入冰品領域，其實只要再增加一台刨冰機和一台冷凍庫就可以增加刨冰品項，若暫以最基礎的刨冰機種來說，兩者加起來的費用約 NT.5 萬元有找。

▶ 開店前要須瞭解製作冰淇淋需要哪些設備

冰淇淋機是指投入冰淇淋基底後，約數分鐘就可成型為冰淇淋結構；原料機（或稱均質老化機）其目的在處理大量冰淇淋的原料與配方。冰淇淋機種類、功能和品牌很多，差異也大，有二合一功能（加熱原料與製冰）、單一製冰淇淋功能，另也有多功能型（可加熱製作冰淇淋，也有甜點原料處理功能），機種可視店的營運模式而定。隨品牌、產量、

功能屬性不同，冰淇淋機的單價從新台幣 20 萬元到破百萬元皆有；至於原料機建議可隨營業穩定成長後，再追加設備採購。

▶ 釐清經營目標，依此決定所需的設備與數量

冰淇淋機的所需規格與數量，經營安傑洛企業有限公司、同時也是義式冰淇淋老師劉威廉認為，可從人力因素（如人工成本、降低錯誤風險……等）、生產時間、場地大小、製冰工法與工序需求等做思量，進而再推敲出最合適的規格與台數。有限預算下，劉威廉以一家可販售義式冰淇淋店鋪為例，冰淇淋機、急速冷凍櫃、義式冰淇淋展示櫃，這三項可滿足冰淇淋製作到展售；另外也需要冷凍冷藏設備、工作台及其相關生產器具或是耗材，以及店鋪營運的生財器具（如裝潢、餐廳營業設備、收銀台等）等，當生意逐漸明朗且也有足夠資金時，則可再添購均質老化機。劉威廉提醒，開店做生意必須務實，階梯式成長才是最穩健、最能保持利潤的經營模式。

▶ 選擇最適冰淇淋機，讓冰品保持在最新鮮

佳敏企業有限公司總經理陳乃毅表示，冰淇淋機尺寸有大有小，究竟要添購種哪款式，仍要以店家經營的方式做考量，若是採取一天推出一種口味，其實桌上型機種就很足夠，一來確保做多少賣多少，讓顧客都能吃到最新鮮的冰品，二來也能把開店成本花在刀口上。等到日後經營規模擴大了，可再視需求添購更合適的機種，藉由機器的輔助，提升冰淇淋的製作效率。

▶ 品牌草創階段，人員配比建議以工讀為主

剛開始創業手頭資金有限，店面管銷的人員建議可暫不配置，但變成創業者須全心投入廚房、前台製冰，或者是採正職一名、其餘皆為工讀生，總體而言，建議人員成本控制在 25% 左右。

▶ 簡單裝潢控制資金

比起一般餐飲，食用冰品的時間較為快速、翻桌率高，品牌初創階段尋找店面可以 20 坪以內為選擇，由於需添購設備器材，建議以簡單材料為主，譬如「點冰室」或是「春美冰菓室」，清爽白色配上木質基調，也能傳達出兩種截然不同的風格。

攝影＿江建勳

「N-Ice Taipei」設備包含兩台雪花冰機，兩台冰霜機、兩台攪拌機，和一台可製作雪花冰冰磚機，可滿足一次約 30 位左右的客人。

初雪和鵝牌是日本兩大高階刨冰機品牌，在台灣日式冰店的市佔率很高，可以刨出細緻的刨冰口感。

攝影＿Amily

Plan 04
損益評估

`# 人力調度` `# 成本控制`

冰品經營上因有冷熱季節的營業落差，此時人力調度與人員配比的掌握便非常重要，避免造成人事成本的支出壓力，另外也須拿捏原物料成本的佔比，淡季時適度縮減比例，減少營業壓力。

▶ 需思考淡旺季的人力調度

冰品經營除了煩惱淡旺季問題，人力調度上亦會有明顯落差，而這也會影響經營，通常店家在進行人員培訓上，會花上一段時間去培育，從可能技術已學會時，面臨開學人員就易有流失情況，當他們要再回來重拾工作，可能又會有生疏的問題，如何做正職與兼職上的調度就變得很重要。

▶ 正職、兼職比例的掌控

以桃園「たまたま慢食堂」為例，當初正因未考量淡旺季的人員比例，造成後續淡季時營業額差點無法負擔人事成

攝影＿江建勳

冰品淡旺季落差大，部分店家採用正職為主，搭配部分兼職。

本，隨後才調整配比，改以提高兼職人員，另外如「昭和浪漫冰室」，因冰品淡旺季非常明顯，現階段以固定正職搭配部份兼職人員做組合，同時兼職人員盡可能以原同仁為主，像開店時的第一位兼職同仁是位大學生，跟著一起奮鬥至今，雖然開學後先回到台南念書，但每到寒暑假就會自動回店幫忙，雖平日不在，不過一到店裡上手速度快也減少培訓的時間。

▶ 無論獨自、多人作業，皆要抓好銷售節奏

初期開設冰淇淋店，不少人選擇獨立經營，陳乃毅建議要將時間做清楚切割，好讓製作、銷售皆能順利進行。白天上午為製作冰淇淋階段，中午過後開始進入銷售，約莫賣至下午 2 點，此時可以做短暫休息，亦可兼賣其他甜點品項，到晚上 7 點過後又是一個銷售高峰期，可再營業至晚上 8 點半至9 點。隨店鋪經營逐步擴大，可再依據製作、銷售做人力上的增添，因夏季是冰淇淋銷售旺季，此時最好設有 2 ～ 3 名人員，比較充裕。

▶ 原物料成本控制在 30% 左右

擁有「蜷尾家甘味处」霜淇淋與「NINAO Gelato」兩家冰品品牌的李豫，在經營成本上維持 3、3、3 比例原則，原物料成品建議控制在 30％，開吧Let's Open- 餐飲創業加速器共同創辦人魏昭寧（James）則認為，人事、店租成本相對是可控制性的，當創業資金有限，可先從這兩大成本做刪減與管控。

▶ 採取複合經營，創造原物料最大價值

陳乃毅觀察，現在不少經營者會在經營中導入複合經營概念，一來可增加販售品項的多元性，二來也足以因應全年各季，加強品牌在銷售上的經營力與延續力。他提醒複合經營，在思考品項時，可從缺少的方面來做發想，另也能從結合原物料角度思考，以咖啡店為例，除了販賣咖啡、冰淇淋，也可嘗試將兩者結合構成所謂的漂浮咖啡一般，發揮原物料最大價值，也讓複合經營更具意義。

Plan 05
設 計 規 劃

`# 動線分流` `# 檯面深度` `# 縮短移動距離`

冰品、甜品的製作其實就在跟時間賽跑，除了機器，設備的擺放位置也很重要，好讓製作過程能快速且順暢的完成；再者空間上的配置，如何做廚房、座位區的劃分，以及切割出分流動線，都是設計時要考量的關鍵。

- -

▶ 設計做到一致性，加深消費者對品牌的印象

對於店鋪的規劃，劉威廉建議開店前多看、多觀摩，最後再交由專業設計者做規劃，把創意落實，也讓設計更具整體性。特別是多數人容易忽略的冰淇淋展示櫃裡的冰品設計更重要，若能將它的造型、外觀配色、菜單設計都能與店鋪形象一致，予以人整體感，不僅會加深消費者對品牌、對冰店的好感印象。

▶ 列出需求清單，設計出最合宜的操作動線

打造冰淇淋店鋪前，建議最好要同步與設備廠商及專業設計師徹底溝通，以製作區為例，該空間需要放入多少設備，所需要的電量、電壓，以及該區的散熱規劃等都要預先設定

攝影＿曾信耀

「Mimi köri ミミ - 小秘密」冰店搬遷新店後，就有預留後場廚房規劃，以便日後擴增鹹食餐點，平衡季節落差營業額。

好，才不會設計做了後才產生不敷使用的情況；還有就是在該區動線規劃裡，會是單人作業、多人作業，使用習慣乃至於慣用手為何等，最好都要清楚列出需求，並委由設計來做調整，才能讓製冰過程便利又省時。

▶ 留意製作刨冰區域的規劃

以 SWAN 極致鵝絨冰削機為例，整座機體約 110 公分、長寬為 65 公分 ×65 公分，若是在開店後才想添設冰品項目，除了有足夠的空間置放設備外，建議檯面深度至少要 65 公分深較為理想；再者因刨冰時會落下許多碎冰，刨冰機最好與水槽緊鄰，以利髒水能順勢排出。

▶ 冷凍庫、配料都不宜距離刨冰機太遠

因刨冰時冰會落出碗緣，瑞鑫行負責人張宗本建議，刨冰機最好與水槽緊鄰，以利冰水能順勢排出，同時也助於能就近做清潔。另外，擺放冰塊的冷凍櫃可選直立式較不佔空間，冷凍櫃最好擺在刨冰機附近，因為一旦距離過遠，拿取移動過程就容易消耗體力也較為吃力。冰品的醬料、配料的擺放同樣建議位處刨冰機附近，最理想的狀況是手一伸就可拿到，或是簡單平移幾個步伐或是轉個身就能拿取，因為當來客量一多時，過多的動作都是消耗體力一種。

▶ 導入前店後場概念，確保衛生問題

隨國人對於飲食衛生安全的重視，在店鋪規劃上，陳乃毅建議可導入「前店後場」的概念，一來確保各自作業擁有獨立的環境且能不受干擾，二來也能以最衛生乾淨的方式，提供消費者冰品。現今也有店家選擇將整個製冰過程都在現場完成，讓整體就像一場有趣的表演，這不僅是一項賣點，也能讓消費者理解製作過程，陳乃毅提醒，若想以此為主，要記得設立隔屏以確保環境衛生，另外廚師服也要記得天天更換，同樣確保儀容乾淨整潔。

▶ 預先規劃完整廚房設備，便於增加鹹食品項

冰品店鋪過去多半僅會增加熱甜湯品項，然而有鑒於為了淡旺季得營業差距，也有一些店家開始擴增鹹食餐點，像是屏東的「Mimi köri ミミ - 小秘密冰店」，就先請設計團隊規劃完善的煎台、爐台等設備，日後調整品項也較不受限。

▶ 獨立設置入店、外帶區，讓動線分流

　　過去甜品冰店店家多希望客人能入店好好品嚐食物的美味，消費者對於外送平台的需求與日俱增，不少店家也做出調整，不只在冰品製作上做出因應，也獨立設置入店、外帶區，好讓動線分流。以「朝日夫婦」為例，經營者店的另一側設置了「TO GO」區，一來讓動線做出區隔，二來也達到分化人流目的，更重要的是提供了消費上的方便。

▶ 留意展示櫃的可視角度，達到好的宣傳效果

　　要能捕捉顧客視線、提升銷售好的體驗，那麼不可忽視展示櫃這項要角。特別是對冰淇淋而言，展示櫃具有溫度調節功能外，還要以獨特的視角的光照效應，讓食物看起來新鮮又可口。另外，陳乃毅也點出在挑選時也要留意展示櫃的高度以及可視角度，櫃體不過高利於顧客一目了然，可視面大則有助於客人還未入店，即能展開好的宣傳效果。

淡水的「朝日夫婦」，在店鋪的另一側規劃外帶區，可達到人潮分流、動線分流的作用。

攝影＿Amily

Plan 06
產 品 開 發

`# 控制品項`　`# 冬季限定`　`# 融入甜點概念`

無論冰品還是甜品，店家在產品口味研發上訴求天然與健康，食材選擇重視產地來源也留意風味，並力求減少人工香料的添加，讓人食冰既放心又安心。口味也愈趨創新，不只能以榴槤入味，冰品搭著威士忌、肉鬆、鹹蛋黃一起吃，既不甜膩更不無聊。

- -

▶ 從既有口味做突破，更容易被記住

　　經營的商品有差異，才能在市場做出區隔。就冰品產品的開發，魏昭寧建議，可從既有口味做突破，更容易被記住。以「老喬冰菓室」店內巨峰葡萄結合香吉士的雙色雪花冰為例，他們特別在葡萄口味中混入清爽香甜的可爾必思，與香吉士迸出的香氣更迷人之外，也讓人在熟悉的味道中留下新的口味印象。

▶ 把熟悉食材化結合冰品，創造驚艷度

　　正因為口味沒有所謂的絕對，不經易的添加或轉個向，總能碰撞出新花樣。像台南「清水堂」獨創的愛玉冰三吃，第一吃是原味、第二吃可加汽水可樂，第三吃還可加啤酒，讓客人戲稱是一碗愈吃愈多的愛玉冰。而「晴子冰室」的「那個水瓶座的抹茶叔叔」品項，改在冰品上桌時附上一杯肉鬆，濃郁茶香不會太甜，再搭配帶有淡淡鹹味的肉鬆，解膩效果讓人可以一吃再吃。

▶ 口味數量不一定要一昧求多

　　冰店菜單品項無需追求數量多，魏昭寧建議最多控制在5 種以內，品項愈少愈能給人專精、專業的感覺，相對的品項

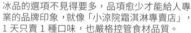

冰品的選項不見得要多，品項愈少才能給人專
業的品牌印象，就像「小涼院霜淇淋專賣店」，
1 天只賣 1 種口味，也嚴格控管食材品質。

冰淇淋品項增加仍須回歸本質，唯有品質好才能創
造利潤。

愈複雜、備料時間愈久，人事成本自然會提高。像「小涼院霜淇淋專門
店」其店鋪最大特色就是 1 天只賣 1 種口味霜淇淋，這樣的販售方式，
除了考量店內僅有 14 坪，找出機器最適量數外，也為了嚴格控管食材品
質。

▶ 增設冬季限定品，減緩淡旺季銷售差

　　冰品生意淡旺季太過明顯，夏天時的業績還算不錯，不過隨天氣變
涼，客人入店消費冰品的意願易大減，所以每到冬季，不少店家都會推
出熱食，拉升客人上門意願，也減緩淡旺季銷售差。推出冬季限定商品，
除了考量準備食材的難易度，是否會提升人員的工作負荷，另也要評估
店鋪環境的大小，因這些商品仍需要存放備料的空間，若影響到主力經
營的品項，那就宜多做評估。

▶ 扣合在地食材，讓風味更接地氣

　　「N-Ice Taipei」店內所使用的水果皆是主理人林煒鈞（James）與

店長謝鈞文一起到市場挑選，先了解食材來源與種植方式，和小農打好關係，以獲取品質絕佳的蔬果，又好比台中的「NMU幸卉文學咖啡」，店內除了貼售咖啡也賣日式刨冰，其中「玫瑰荔枝酒蜜覆盆子刨冰」所使用的玫瑰就是選自南投埔里；「金木樨夏多內刨冰」裡頭用的是醃漬過的桂花蜜和乾燥帶著苦韻的桂花乾，這些也都出產自台灣，用於冰品上不僅吸睛，香氣也很怡人。

▶ 承接商業合作案，激發口味創新靈感

除了店鋪販售的冰品品項之外，也可多嘗試與公司行號或跨界品牌的合作，無論是「蜷尾家甘味処」的李豫或是「Double V」的Willson皆認為這是對研發創新口味很好的幫助與挑戰，像是李豫就與台東知本老爺合作，從在地食材為出發，將柴魚與鹹花生結合，Willson則是替台北知名詹記火鍋，推出飯後甜點冰品－雪寶，每季口味也都必須夠ㄎㄧㄤ才行。

▶ 融入甜點概念呈現冰品，同時體驗味覺、視覺、嗅覺

「Kakigori Toshihiko日式氷專賣店」老闆吳俊彥受法餐影響，店裡多數的冰品靈感來自於甜點、甜湯，他改用芋頭替代重現蒙布朗的造型，現削帕瑪森乾酪營造下雪氛圍，另外如「Deux Doux Crèmerie, Pâtisserie & Café」的甜點也是從法式甜點為發想，將經典提拉米蘇、檸檬塔以冰品方式呈現，讓冰品達到視覺與味覺的雙重享受。

▶ 回到冰淇淋本質，品項增加才會有意義

冰淇淋本身具有討喜性質，再者它也很具彈性，可依主廚的想法結合多項商品，也能結合店鋪複合式經營，擴大營收來源。基本上什麼店都合適，但並非增加冰淇淋品項後，就一定能帶來營收，仍要回歸到冰淇淋本質，唯有提供好的冰品才能為店家創造出新的利潤、商機，或是為店家加分。

Plan 07
食物造型

#改變切法　#運用器皿　#設定主題

受到社群媒體所帶動的「相機先食」風氣，使得近幾年來食物的整體視覺設計愈來愈為講究，使得冰品除了好吃，賣相也變得很重要。在食物造型這一塊，除了透過主題設定，另也可藉由改變食物切法、擺盤等發揮創意與變化。

▶ 透過主題設定找出造型軸心

味嚼喃喃網站主理人包周 Bow.Chou 建議，可透過主題設定，找出造型軸心。這些主題可從品牌概念及元素、空間元素、故事、議題、大自然、色彩等去做挖掘，而後再依照所定之主題找出合適的技巧與造型。「朝日夫婦」今年就以杏仁茶做發想推出「ESPUMA 杏仁油條」冰品，在冰的上頭擺上 1 根酥脆油條，不只單以口品嚐，也用視覺回憶熟悉的古早味。

攝影＿邱于恆

「春田氷亭」顛覆過往大家對冰品的呈現，以九宮格餐盤盛裝，精緻程度讓人以為是在吃日式料理。

圖片提供＿たまたま慢食堂

「たまたま慢食堂」布丁以高腳杯搭配草莓與造型餅乾，好吃也好拍。

▶ 食物切法，玩出擺盤的豐富性

美食作家盧怡安認為，食材本身是很好發揮創意的來源，像是從食材的切法再連動到擺盤手法，就能讓食物造型充滿變化。傳統的草莓煉乳冰裡，可藉由草莓的不同切法做搭配，有切碎草莓丁、還有對切以及整顆的草莓，細小食材襯托大比例食材，視覺上不無聊，還能產生冰料很多、很豐富的作用。

▶ 運用器皿與配件做出差異特色

除了冰品本身的造型設計，盧怡安建議可從盛裝器皿、餐具或周遭配件，來做出差異特色。像是有的台式刨冰就不再遵循傳統，改以玻璃高腳杯做盛裝，整體變得更精緻化；位在高雄的「春田氷亭」，則是以九宮格餐盤盛裝冰品，精緻程度讓人以為是在吃日式料理，徹底顛覆視覺味覺雙重享受。

▶ 跳脫冰體框架，創造更有趣的賣相

淡江大學未來學研究所兼任助理教授李長潔觀察，日本當地刨冰每年都有許多大膽、有趣的想法冒出，例如日本人就將羊羹、泡芙加入圓胖刨冰頂部，作為裝飾的一種。再者刨冰也不再侷限以圓胖造型為主，透過盛裝器皿、製冰技術等，讓冰品的口味更具層次，像近年流行的帕菲杯（Parfait），就是以長玻璃杯或高腳杯盛裝，依序放入冰淇淋、水果、奶油、巧克力醬、堅果等甜點，在放的過程中可以透過色澤、食材質地做出差異性，創造更有趣的賣相，也讓人驚喜於每一口食材的風味特色。

Plan 08
食 物 攝 影

`#九宮格構圖`　`#補光板輔助`　`#低彩度背景`

在全員皆攝影、老闆兼小編的自媒體時代，無論是開店日常小故事、新口味的推出，冰品店家即時拍照上傳 FB、IG 已成為與受眾溝通的重要步驟，特別邀請美食攝影專家，利用手機與隨手可得的小配件，從構圖、佈光、輔助道具三方面切入，讓剛創業沒有太多預算的店主們也能快速學會、拍出有 feel 美照。

▶ 手機九宮格線輔助強化重點

　　九宮格法（三分法）是最常被提到的拍攝入門法，用手機內建的九宮格虛擬線，把想重點強調的水果、佐料、冰品置於水平垂直交叉的四個點上，便能有即刻見效的基本構圖。林居攝影工作室 Ada 建議，可以先輕鬆隨自己心意擺設、抓角度，大概了解自己想要的感覺之後、再加上九宮格線條輔助、強化構圖重點，才不會被制約反而綁手綁腳。

圖片提供＿林居工作室 Ada

先抓出自己喜歡的角度與擺設，再利用九宮格線輔助，客觀調整最佳拍攝畫面。

▶ 主從關係要明確

　　無論是拍攝單品或概念圖，冰品永遠是第一主角，構圖時優先確定主要位置後，再進行畫面填補動作，像芒果、西瓜等水果原型就是很好的陪襯配角，但由於它們外皮顏色濃烈鮮豔，此時得掌握重色襯底、左右平衡的基本原則，加上散景（模糊）效果，通常就不會出錯。

圖片提供＿＿舌尖上的攝影師 Nick

芒果冰利用水果原型重色襯底、搭配散景，達到介紹食材與凸顯主題效果。

▶ 依造型找出冰品最佳角度

　　常見的美食拍攝角度不外乎俯拍、斜側拍（45 度角或 30 度角）與平拍三種，可以根據冰品造型做選擇。例如**斜角拍攝**模擬人們進食角度，讓大家能自然看到食物全貌，減少雜亂背景入鏡、避開陰影等。**平拍視角**則是將鏡頭與冰品平行，以平視角拍法凸顯佐料與立體感，適合像冰品、漢堡這種有厚度堆疊的食物類型。而 IG 上的美食圖片最常見的**俯視角**則適合平面、材料多元的主題如燒肉，畫面較為扁平卻能廣泛介紹桌面所有元素。

▶ 掌握奇數原則

這是最基本的靜物拍攝原則，因為畫面主角為偶數時，大腦會自動等分、導致分散焦點，失去人們在看圖片時的注意力；當桌上物品為奇數時，潛意識則會遵循拍攝放置技巧，自然形成主、次元素，達到集中冰品介紹效果。

刨冰為厚度堆疊產品，拍攝通常以平拍、斜拍最常見，但仍需以實際造型找出最佳角度。

▶ 避免碗盤擺放同一直線

當桌面上有大大小小多樣素材時，如果不是攝影概念設定的話，就要避免排成單一直線、這樣會容易顯得呆板、不吸引人。舌間上的攝影師 Nick 表示，可以透過切斜角或是利用 S 型、C 型、三角型等前後不規則擺放手法，讓冰品與配料本身色彩、陰影自然錯落，同時達到引導視線序列效果。

▶ 根據需求選擇硬光或柔光

正中午日光、閃光燈、聚光燈等直射性強的光稱為**硬光**，畫面明亮反差強烈，陰影明顯，適合用於強調層次、線條感，或是桌面較空時、豐富畫面使用。**柔光**則像一般早上、下午日光，為漫射光源，具有明亮溫和過渡感，陰影不明顯。舌尖上的攝影師 Nick 認為，略帶陰影的中性光與幾乎無陰影的柔光最常見使用於冰品拍攝，尤其佐料豐富多樣的種

類如日式宇治金時刨冰就建議使用柔光，減少陰影、能讓所有品項都能清晰入鏡。

▶ 斜逆光拍攝塑造立體感

利用自然光拍攝時，通常攝影站位為射入光線斜左右側、斜逆光處，像臨窗座位通常就是最佳拍攝角度，看需求微調，捕捉亮點與暗處微妙的陰影立體感，此時無需過多的背景、道具輔助，自然型塑很有感覺的產品形象照。

▶ 掌握黃金日光時段拍出美照

日光是拍美食照片的好幫手，所以窗邊位置永遠是網美們瘋搶的拍照寶座，而隨著太陽朝升暮落，最佳的拍攝時間為早上 7：00 ～ 9：00 與下午 15：00 ～ 17：00，這兩個時段提供室內充足的漫射光源，讓冰品怎麼拍都美！

▶補光板輕鬆手作

當光線過亮、自然光角度不好掌控，導致冰品明暗落差過大、陰影太明顯時，可利用手邊的白色硬紙板如西卡紙、珍珠板放在暗處反射光源、做補光效果，亦可將兩張並排用膠帶相黏，這樣就能站立於桌上，使用更加方便。補光板若是使用反光材質如錫箔紙搭配硬紙板襯底，林居攝影工作室 Ada 提醒，記得要將錫箔紙先揉搓過，以免形成明顯光束、亮點。

主光為自然光時，配合 DIY 反光板補光，輕鬆調整明暗反差，拍出自己心中最理想的畫面，左圖為未加反光板，右圖是加上銀色反光板後明顯看出光線差異。

圖片提供＿林居工作室 Ada

▶簡易自製漫射光

當拍攝燈光不佳，臨時需要自己調整光源時，可透過手機的手電筒功能、覆蓋可半透光的紙類，讓直射光源轉化為入門較易運用的漫射光，解決佈光難題。另外，若是時常有拍攝需求，可調整色溫的手持攝影、補光 LED 燈也是不錯的便利選擇。

▶佐料是最佳無聲自介

冰品拍攝其實是無聲的自我介紹，可以擺上使用的水果原型襯底，如草莓、芒果、鳳梨等等，或是裝煉乳的迷你奶壺、盛上紅豆、蕨餅的小碟，解決冰品造型、碗盤容量與角度導致的拍攝限制，令單調的畫面呈現更豐富的視覺變化，產品介紹更是盡在畫面中。

▶店名、環境巧妙「置入性行銷」

單單拍攝冰品太無聊嗎？最適合拍攝冰品的平拍角度通常會帶入背景，此時巧妙地融進店中特色背景、建築材料、主題招牌、圍裙 LOGO 等，看似不經意的小技巧卻能達到自媒體曝光的最佳效果，令目標客群輕鬆鎖定冰品與店家的連結。

圖片提供＿＿舌尖上的攝影師 Nick

畫面巧妙結合冰品與帶有 LOGO 的圍裙，不刻意地店名置入手法，讓網路受眾快速聚焦。

▶選用彩度較低的背景襯底

　　背景色若為同色系，如鳳梨冰搭配黃色襯底，塑造畫面簡單明瞭、一眼即知的主題性，而跳色系背景則著重於凸顯商品本身，兩者都須注意選用彩度較低的背景設色，才能達到預想效果而不至於被喧賓奪主。

▶人、手輔助模擬生動畫面

　　除了冰品的靜物拍攝，如果能加入人物或手輔助、模擬端盤、進食等等，更能增加畫面的生動感！拍攝語彙中，手心向上代表送、端上，露出手背隱喻收、進食等，效果各自不同。需注意的是，拿湯匙角度、淋醬汁的線條都要避開與桌、盤平行，以免動態畫面塑造不成反而顯得呆板刻意。

圖片提供　林居工作室 Ada

加入手捧著的動作，賦予冰品畫面更多的溫度與生活感。

▶手機內建模式、APP 輔助

　　蘋果手機的人像模式有自然景深，是新手最基礎的入門拍攝輔助，但玻璃杯、吸管因為演算關係容易出現模糊情形則需特別注意避開。另外推薦使用的入門 APP 如：直接套色，入門必備的 Foodie、套色加濾鏡 VACO、可先拍照後對焦的 Focos、修圖操作方便的 Snapseed，其他如進階可使用的 Darkroom、Lightroom 等等，都是為冰品拍攝加分的好用工具，有時間不妨試試看！

Plan 09
行銷推廣

#市集擺攤　#社群平台　#冰品講座

社群行銷已是現今很重要的力量，善加運用網路做宣傳，與現今重要的消費世代做溝通；除此之外也能透過參與市集擺攤方式，面對面與顧客互動，同時拓展品牌知名度。

▶ 善用社群平台加乘宣傳

　　台灣網路資訊中心公布的「2019年台灣網路報告」顯示，國人的使用 Facebook 的使用率為 98.9%，其次為 Instagram 的 38.8%，為了與新興世代溝通，不少店家都會建設 Facebook 與 Instagram 的粉絲頁，為的就是要從他們熟悉的語言切入，讓更多人能看見自身品牌。建立這些社群平台時，不少店家在畫面的呈現上也別具用心，像是以台日復古元素作為主軸的「晴子冰室」，就會扣合主軸去營造氛圍感，冰品不只變得很有意境，也帶出想人想吃、想蒐集的欲望。

攝影__ Peggy

台中的「果食男子」創業初期從市集擺攤開始，做出口碑與訂單穩定之後，才擴展店鋪。

▶ 以快閃店、市集擺攤，拓展品牌知名度

不少人開店不再只侷限於實體店的經營，若有機會也願意投入快閃店、參與市集擺攤，以拓展品牌知名度。像「晴子冰室」、「昭和浪漫冰室」就積極地參與市集擺攤的一例，透過擺攤機會面對面與客群互推，同時也推出市集限定冰品、飲品、甜品等，藉由傳遞食物的美味，讓更多人認識到品牌。

▶ 店家自行舉辦刨冰、冰淇淋講座推廣冰品

為了推廣冰品，有些店家也從自己的店為出發，將觸角延伸到課程，像是「朝日夫婦」店長蘇威宇和太太廖玫琳就規劃日式刨冰體驗講座，「Double V」也每個月舉辦嗜冰小食堂，希望透過課程講座等形式，讓大眾或創業者更加了解冰品，慢慢展開冰品市場。

IDEAL BUSSINESS 020

甜品冰店創業經營學
食材挑選 × 造型擺盤 × 創意口味
與行銷社群圈粉，打造超吸睛冰店

作　　　者	漂亮家居編輯部
責任編輯	許嘉芬
文字編輯	楊宜倩、陳顗如、賴彥竹、余佩樺、黃婉貞、 楊舒婷、TINA、Acme
封面＆版型設計	FE 設計工作室
美術設計	莊佳芳
編輯助理	黃以琳
活動企劃	嚴惠璘

發 行 人	何飛鵬
總 經 理	李淑霞
社　　長	林孟葦
總 編 輯	張麗寶
副總編輯	楊宜倩
叢書主編	許嘉芬

出　　版	城邦文化事業股份有限公司 麥浩斯出版
地　　址	104 台北市民生東路二段 141 號 8F
電　　話	02-2500-7578
電子信箱	cs@myhomelife.com.tw

發　　行	英屬蓋曼群島商家庭傳媒股份有限公司 城邦分公司
地　　址	104 台北市民生東路二段 141 號 2F
讀者服務專線	0800-020-299
讀者服務傳真	02-2517-0999
電子信箱	service@cite.com.tw
劃撥帳號	1983-3516
劃撥戶名	英屬蓋曼群島商家庭傳媒股份有限公司 城邦分公司

香港發行	城邦（香港）出版集團有限公司
地　　址	香港灣仔駱克道 193 號東超商業中心 1 樓
電　　話	852-2508-6231
傳　　真	852-2578-9337

馬新發行	城邦（馬新）出版集團 Cite (M) Sdn Bhd
地　　址	41, Jalan Radin Anum, Bandar Baru Sri Petaling, 57000 Kuala Lumpur, Malaysia.
電　　話	603-9056-3833
傳　　真	603-9057-6622

總 經 銷	聯合發行股份有限公司
電　　話	02-2917-8022
傳　　真	02-2915-6275

製版印刷	凱林彩印事業股份有限公司
版　　次	2021 年 6 月初版一刷
定　　價	新台幣 550 元

國家圖書館出版品 預行編目（CIP）資料

甜品冰店創業經營學：食材挑選 × 造型擺盤 × 創意
口味與行銷社群圈粉，打造超吸睛冰店 / 漂亮家居編
輯部作 . -- 初版 . -- 臺北市：城邦文化事業股份有限
公司麥浩斯出版：英屬蓋曼群島商家庭傳媒股份有限
公司城邦分公司發行 , 2021.06
　　面；　公分 . -- (Ideal business ; 20)
ISBN 978-986-408-695-5(平裝)

1. 餐飲業 2. 創業 3. 商店管理

483.8　　　　　　　　　　　　　110007941